W0215122

MATHEMATIK

GRUNDWISSEN KOMPAKT

Von Werner Zenker

Herausgeber: Prof. Dr. Peter Conrady

Verlag
Information & Bildung
Berlin

EDITORIAL

Zielsicher zu fundierter Allgemeinbildung!

Mathematik soll etwas Schwieriges, Uninteressantes, Lebensfernes und Theoretisches sein? Nein, auf keinen Fall! Die Mathematik begegnet uns im ganzen Leben auf Schritt und Tritt. Keine erfolgreiche Berufsausbildung ist ohne grundlegende Rechenfähigkeiten möglich. Im privaten Leben muss man Lohnabrechnungen, Versicherungspolicen, Geldanlage-Modelle, Handwerkerrechnungen und Steuerbescheide nachrechnen und verstehen können.

Wie wichtig Mathematik ist, merkt mancher erst als Erwachsener. Dieses Buch möchte helfen, sich an die vielen grundlegenden Dinge zu erinnern, die einem im Mathematikunterricht der Schulzeit begegnet sind, ohne dass man damals ahnen konnte, wie wichtig sie einmal sein würden. Alltägliche Situationen sind der Ausgangspunkt dafür, sich wieder mit der Struktur von mathematischen Aufgabenstellungen vertraut zu machen. Wer einmal einen mathematischen Lösungsweg verstanden hat, der kann ihn auch unter schwierigen Bedingungen anwenden.

Neu auftauchende Fachbegriffe, die immer wieder erscheinen, werden jeweils in einem gesonderten Abschnitt erläutert. Zur gezielten Orientierung bei einzelnen Fragen hilft das ausführliche Verzeichnis von Stichwörtern am Ende des Buches. Dort finden sich auch noch einmal alle wichtigen Formeln und Merksätze.

Ganz sicher haben jene Miesmacher nicht recht, die behaupten, dass die Erfindung des Taschenrechners und der vielen rechnerischen Hilfen, die uns heute das Leben erleichtern, zu einem Leistungsabfall im Fach Mathematik geführt haben!
Da kann man sich dann etwas mutiger der neuen Herausforderung stellen, sein Mathematikwissen noch einmal aufzufrischen.

Lesen – Wissen – Verstehen – Mitreden !

In der Reihe „Erfolg mit Wissen" sind außerdem folgende Titel erschienen:

- **Geschichte** – Von der Antike bis zum 30-jährigen Krieg
- **Geschichte** – Von der Aufklärung bis 1945
- **Wirtschaft & Soziales** – Grundlagen der Wirtschaft
- **Deutsch** – Erfolgreich Reden und Schreiben

INHALT

GRUND-
RECHENARTEN

Ziffern und Zahlen

Mathematik – schon in der Steinzeit?

Wir wissen natürlich nicht, ob die Steinzeitmenschen schon zählen konnten. Mathematische Probleme mussten sie aber trotzdem lösen. Wie kann man sich sonst sicher sein, dass in der Herde am Abend noch genauso viele Schafe sind wie am Morgen?

Da wird so ein Steinzeitmensch für jedes Schaf, das am Morgen die Höhle verlassen hat, eine Kerbe in ein Holz geschnitten haben. Dann konnte er am Abend bei jedem Schaf, das in die Höhle zurück trottete, seinen Finger eine Kerbe weiter rücken. So viele Schafe – so viele Kerben! Wenn mit dem letzten Schaf die letzte Kerbe erreicht war, dann waren alle da. Sonst fehlten einige – genau so viele, wie noch Kerben übrig waren.

Manchmal zählen wir heute noch so. Abends in der Kneipe, in gemütlicher Runde, schreibt der Kellner auf den Bierdeckel: so viele Striche – so viele Getränke! Weil wir Menschen nur bis zu vier Mengeneinheiten auf einen Blick erfassen können, erleichtert man sich den Überblick, indem man den fünften Strich quer durch die vier anderen zieht und so ein Bündel kennzeichnet.

Strich für Strich – früher ...

und heute ...

Die arabischen Ziffern – eine geniale Erfindung!
Wer möchte schon eine Lohnabrechnung mit Kerben und Strichen erhalten? Niemand! Die Araber haben vor langer Zeit die Zeichen erfunden, mit denen wir heute unsere Zahlen schreiben:

1, 2, 3, 4, 5, 6, 7, 8, 9

Diese Zahlenzeichen nennt man **Ziffern**. Jede Ziffer steht auch für eine Menge, die man an den Fingern abzählen könnte: eins, zwei, drei, vier, fünf, sechs, sieben, acht, neun.

Gibt es kein Zeichen für die Zehn?
Nein! Genau neun Ziffern reichen aus, um jede nur denkbare Zahl aufzuschreiben!
Aber nur, wenn man noch eine ganz besondere Ziffer dazunimmt:

die Null – 0

Fachbegriffe von Seite 4 und 5:

Ziffern = Zeichen für die Zahlen
Stellenwertsystem = hier hat jede Ziffer je nach ihrer Stellung einen unterschiedlichen Zahlwert
Zehnersystem = das gebräuchlichste Stellenwertsystem
Dezimalsystem = anderes Wort für Zehnersystem

Das Stellenwertsystem

Um mit den Ziffern 1, 2, 3, 4, 5, 6, 7, 8, 9 und mit der Ziffer 0 alle Zahlen schreiben zu können, braucht man ein Stellenwertsystem.

Das bedeutet, welchen Wert eine Ziffer hat, hängt von der Stelle ab, an der sie steht. Unsere Zahlen benennen wir fast ausschließlich im Zehnersystem. Man nennt es auch **Dezimalsystem**.

Das Stellenwertsystem wird am besten mit einer Tabelle veranschaulicht. Von rechts nach links steht jede Spalte für einen Wert, der zehn Mal höher ist als der Wert in der Spalte vorher.
Mit Hilfe der Null kann deshalb die Ziffer „2" den Wert „Zwei" haben, den Wert „Zwanzig", den Wert „Zweihundert" oder den Wert „Zweitausend" – so wie hier:

***Tausender**-Stelle*	***Hunderter**-Stelle*	***Zehner**-Stelle*	***Einer**-Stelle*
			2
		2	0
	2	0	0
2	0	0	0

Die Spalten der oberen Tabelle sind sehr breit. Deshalb erkennt man nicht so gut, dass hier die Zahlen 2, 20, 200 und 2000 stehen.
Zur besseren Lesbarkeit der Zahlen kürzt man deshalb die obere Spaltenbezeichnung ab. Außer Einern (E), Zehnern (Z), Hundertern (H) und Tausendern (T) kann man so auch noch Zehntausender (ZT), Hunderttausender (HT) und Millionen (Mio.) gut lesbar darstellen:

Mio.	*HT*	*ZT*	*T*	*H*	*Z*	*E*
						2
					2	0
				2	0	0
			2	0	0	0
		2	0	0	0	0
	2	0	0	0	0	0
2	0	0	0	0	0	0

Aufgepasst! Die Zahlen sind von der kleinsten Stelle zur größten Stelle nicht in unserer gewohnten Leserichtung von links nach rechts gegliedert, sondern genau umgekehrt! Das „verdanken" wir den Arabern, die in diese Richtung schreiben! Für die Erfindung der genialen Ziffern nimmt man das aber gern in Kauf!

Diese Abkürzungen für die Stellenwerte tauchen immer wieder auf.
Deshalb sollte man sie sich merken:

E = Einer
Z = Zehner
H = Hunderter
T = Tausender
ZT = Zehntausender
HT = Hunderttausender
Mio = Millionen
Mia = Milliarden
Bio = Billionen

5975746321 Kilometer

Ganz klar – das ist eine Zahl. Aber wie heißt sie? Und was könnte diese Strecke sein? Wer es nicht weiß, braucht sich keine Sorgen zu machen: Die meisten Menschen können eine solche Zahl nicht richtig benennen, und sie haben auch keine Vorstellung davon, was sich dahinter verbergen könnte.

Große Zahlen

Eine Stellenwerttafel hilft weiter, um die Zahl 5975746321 zu lesen, denn sie geht natürlich über eine Million hinaus.

Billionen (Bio.)			Milliarden (Mia.)			Millionen (Mio.)			Tausender					
H-Bio.	Z-Bio.	E-Bio.	H-Mia.	Z-Mia.	E-Mia.	H-Mio.	Z-Mio.	E-Mio.	HT	ZT	T	H	Z	E
					5	9	7	5	7	4	6	3	2	1

Um solche großen Zahlen besser lesen zu können, lässt man beim Schreiben nach jeder Dreiergruppe von rechts nach links eine kleine, aber trotzdem gut erkennbare Lücke. Dann sieht die Zahl oben auf der Seite so aus:

5 975 746 321 Kilometer

Viele Leute gliedern so große Zahlen auch mit Punkten nach jeder Dreiergruppe von rechts nach links. Dann sieht die Zahl so aus:

5.975.746.321 Kilometer

Sie heißt:
Fünf Milliarden
neunhundertfünfundsiebzig Millionen
siebenhundertsechsundvierzig Tausend
dreihunderteinundzwanzig.

Aufgepasst! Die Amerikaner sagen nicht „Milliarde“, sondern „billion“! Wenn das falsch ins Deutsche übersetzt wird, dann werden Zahlen genannt, die um das Tausendfache größer sind!

So viele Kilometer kann Pluto, der äußerste Planet unseres Sonnensystems, von der Erde entfernt sein! Manchmal ist er noch viel weiter weg, manchmal ist er auch näher. Bei solchen Zahlen ist es deshalb Unsinn, sie bis auf die Einerstelle genau anzugeben.

Man kann sich genauso gut merken:
Der Pluto ist 5 900 000 000 Kilometer entfernt. Oder fast 6 Milliarden Kilometer.

Größenordnungen

Ist das wenig? – Ist das viel?

Mit großen Zahlen kann man sich schnell vertun. Selbst Politiker verwechseln manchmal in Interviews Millionen und Milliarden.

Am besten überblickt man die Größenordnungen in dem Bereich, mit dem man täglich umgeht, dem Geld.
Aber sobald es um Preise von größeren Objekten geht, irren sich viele Leute ganz gewaltig.
Da ist es zur Förderung des Interesses für Mathematik ganz nützlich, wenn man Augen und Ohren für Zahlen offen hält und sich immer wieder und überall für Zahlenangaben interessiert. Natürlich nicht nur, wenn es um Geld geht!

Könnten Sie die Fragen beantworten, die sich die Personen auf den Fotos stellen? Schreiben Sie doch einmal Ihre Vorstellungen auf einen Zettel, und überprüfen Sie in der nächsten Zeit diese Notizen durch Gespräche mit anderen oder anhand von Prospekten, Werbung, Anzeigen und weiterem Informationsmaterial.

Was kostet ein Sofa? Und ein Kleiderschrank?

Wie teuer ist wohl so ein Motorroller?

Wie teuer sind zwei Wochen Urlaub auf Teneriffa?

Was wird wohl eine 2-Zimmer-Wohnung im Monat an Miete kosten?

Addition

1 und 1 und 1 und 1 ...

Natürlich könnte man alles, was es zu rechnen gibt, auch in Einer-Schritten abzählen. Morgens vom Arbeitsbeginn bis nachmittags zum Arbeitsschluss ist es eine Stunde ... und noch eine ... und noch eine ... und noch eine ...
Das ist mühsam, zeitraubend und einschläfernd. So zählte der Steinzeitmensch seine Schafe, und so zählt man heute vielleicht noch Schäfchen, wenn man einschlafen möchte, aber sonst nicht mehr.

Die Zahlen geben uns die Möglichkeit, statt „1 und 1" auch „Zwei" zu sagen und „2" zu schreiben:

$$2$$

Das Zeichen für „und" ist „+". Man sagt dazu auch **plus**. Es gibt uns die Möglichkeit, „Zwei" und „Zwei" zusammenzuzählen:

$$2+2$$

2 + 2 ist dasselbe wie **4**. Wenn etwas „dasselbe" oder „gleich" ist, wird das mit dem Gleichheitszeichen „=" gekennzeichnet:

$$2 + 2 = 4$$

Dieses Rechenverfahren nennt man umgangssprachlich „Zusammenzählen" oder „Plusrechnen". Das Fachwort dafür heißt **Addition**. Zum Zusammenzählen sagt man deshalb auch **addieren**.
Die Zahlen, die **addiert** werden, nennt man **Summanden**. Das Ergebnis ist die **Summe**.

Also:

$$7 + 12 =$$

Diese Aufgabe ist eine **Additon**. Man muss die **Summanden addieren** um die **Summe** als Ergebnis zu erhalten.

7	+	12	=	19
Summand	plus	Summand	gleich	Summe

„Kommutativgesetz" – ein schwieriges Wort für eine einfache Sache

Wenn man Geld bekommt, freut man sich natürlich, wenn man mehr als zwei Scheine erhält. Eine **Addition** kann also mehr als zwei **Summanden** haben:

200 €	+	100 €	+	50 €	+	50 €	+	20 €	+	10 €	=	430 €
Summand	plus	Summand	plus	Summand	plus	Summand	plus	Summand	plus	Summand	gleich	Summe

Die Reihenfolge, in der man dieses Geld bekommt, ist dabei egal:

50 €	+	100 €	+	20 €	+	10 €	+	50 €	+	200 €	=	430 €
Summand	plus	Summand	plus	Summand	plus	Summand	plus	Summand	plus	Summand	gleich	Summe

Man darf die **Summanden** also beliebig vertauschen. Die **Summe** bleibt gleich. Das nennt man das **Kommutativgesetz der Addition**. Ein schwieriges Wort für eine einfache Sache!

Fachbegriffe der Seiten 8 und 9:

Addition = Zusammenzählen, Plusrechnen
Plus = das Zeichen zum Addieren: +
addieren = zusammenzählen
Summand = jedes Glied einer Addition
Summe = das Ergebnis einer Addition

Schriftliche Addition

Addieren – mit Stift und Papier

726 + 947 könnte man sicher mit etwas Zeit auch im Kopf ausrechnen.
Das tut aber kaum jemand, sondern man greift lieber zum Taschenrechner. Wenn der nicht zur Verfügung steht, dann geht es auch mit Stift und Papier.
Dazu schreibt man die Zahlen so untereinander, wie sie auch in einer Stellenwerttafel stehen. Einer unter Einer, Zehner unter Zehner, Hunderter unter Hunderter usw.:

	T	H	Z	E
		7	2	6
+		9	4	7

Man macht einen Ergebnisstrich darunter und lässt etwas Platz. Nun rechnet man von rechts nach links und von unten nach oben:

	T	H	Z	E
		7	2	6
+		9	4	7
			1	
				3

Zuerst addiert man die Einer:
7 E + 6 E = 13 E
13 E sind 1 Z und 3 E.

Die 3 Einer schreibt man ins Ergebnis an die Einerstelle. Der 1 Zehner wird an die Zehnerstelle über dem Strich geschrieben.

	T	H	Z	E
		7	2	6
+		9	4	7
			1	
			7	3

Dann addiert man die Zehner:
1 Z + 4 Z + 2 Z = 7 Z

Die 7 Zehner schreibt man ins Ergebnis an die Zehnerstelle. Es gibt keinen Hunderter – deshalb wird über dem Strich nichts notiert.

	T	H	Z	E
		7	2	6
+		9	4	7
			1	
	1	6	7	3

Dann addiert man die Hunderter:
9 H + 7 H = 16 H
16 Hunderter sind 1 T und 6 H.

Die 6 Hunderter schreibt man ins Ergebnis an die Hunderterstelle.
Es bleibt noch ein Tausender, der an die Tausenderstelle geschrieben wird.

Mit dieser Methode kann man beliebig viele Summanden schriftlich addieren. Diese Summanden können natürlich auch unterschiedlich viele Stellen haben. Beim Untereinanderschreiben der Summanden muss man darauf achten, dass die richtigen Stellen untereinander stehen.

44 + 2.479 + 359 + 10.253 + 84 =

	ZT	T	H	Z	E
				4	4
+		2	4	9	7
+			3	5	9
+	1	0	2	5	3
+				8	4
		1	3	2	
	1	3	2	3	7

Es geht auch ohne Papier …

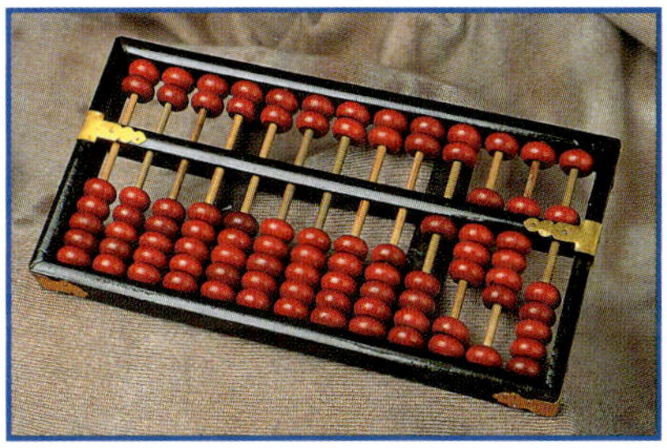

*Vor der allgemeinen Verbreitung der arabischen Zahlen und des Stellenwertsystems rechnete man solche Aufgaben mit Hilfe von Kugelbrettern aus, die man **Abakus** nennt.*

Wenn man von einer Zahl eine andere Zahl abzieht, verwendet man das Zeichen „-“.
Man sagt **minus** oder **weniger**.
Dieses Rechenverfahren nennt man umgangssprachlich **Abziehen** oder **Minusrechnen**.
Das Fachwort dafür heißt **Subtraktion**.
Zum Abziehen sagt man deshalb auch **subtrahieren**.
Die Zahl, von der man abzieht, nennt man **Minuend**. Die Zahl, die man abzieht, heißt **Subtrahend**. Das Ergebnis einer **Subtraktion** nennt man **Differenz**.

Subtraktion

Nicht mehr – sondern weniger

$$240 - 86 =$$

Diese Aufgabe ist eine **Subtraktion**. Man muss vom **Minuenden** den **Subtrahenden** **subtrahieren**, um die **Differenz** als Ergebnis zu erhalten.

240	-	86	=	154
Minuend	minus	Subtrahend	gleich	Differenz

Wie gewonnen, so zerronnen ... oder: Die Subtraktion ist die Umkehrung der Addition

Wer Geld hat, kann sich freuen.

Wer etwas dazu bekommt, kann addieren:

50 € + 20 € = 70 €

Wer es wieder ausgibt, muss subtrahieren:

70 € - 20 € = 50 €

Die Subtrahenden können vertauscht werden

Bei einer **Subtraktion** können von einem **Minuenden** mehrere **Subtrahenden** abgezogen werden.

$$250 - 13 - 50 - 10 - 90 = 87$$

Die Reihenfolge der **Subtrahenden** kann dabei vertauscht werden. Der **Minuend** bleibt jedoch natürlich immer an erster Stelle!
Das Vertauschen der Reihenfolge erleichtert oft die **Subtraktion** im Kopf. Die Aufgabe oben kann man sicher schneller lösen, wenn man sie in dieser Reihenfolge ausrechnet:

$$250 - 50 - 10 - 90 - 13 = 87$$

Das Ergebnis einer Subtraktion kann Null sein

Beim Geldausgeben wissen wir:
Irgendwann ist Schluss.
Das ist beim **Subtrahieren** nicht anders.
Das Ergebnis einer **Subtraktion** kann also Null sein.

72 - 52 - 20 = 0
1.250 - 750 - 300 - 200 = 0

Anleitung zur schriftlichen Subtraktion

76.958 – 43.907 = ??? Wer will das schon im Kopf ausrechnen?

Beim schriftlichen Subtrahieren schreibt man die Zahlen untereinander – den Subtrahenden unter den Minuenden: E unter E, Z unter Z, H unter H usw.! Damit man die Aufgabe auf keinen Fall mit einer schriftlichen Addition verwechselt, setzt man das Minus-Zeichen davor und macht dann einen Strich unter die Aufgabe.

```
   76.958
 - 43.907
 --------
```

Man beginnt bei den Einern. Es wird der Abstand von der unteren Zahl bis zur oberen Zahl bestimmt: Zwischen 7 E und 8 E fehlt 1 E. Dieser Abstand von 1 E wird unter dem Strich an der Einerstelle notiert.

```
   76.958
 - 43.907
 --------
        1
```

Dann ermittelt man den Abstand vom unteren Zehner zum oberen Zehner: Zwischen 0 Z und 5 Z fehlen 5 Z. Dieser Abstand von 5 Z wird unter dem Strich an der Zehnerstelle notiert.

```
   76.958
 - 43.907
 --------
       51
```

Nun bestimmt man den Abstand vom unteren Hunderter zum oberen Hunderter: Zwischen 9 H und 9 H fehlen 0 H. Dieser Abstand von 0 H wird unter dem Strich an der Hunderterstelle notiert.

```
   76.958
 - 43.907
 --------
      051
```

Danach berechnet man den Abstand vom unteren Tausender zum oberen Tausender: Von 3 T auf 6 T fehlen 3 T. Dieser Abstand von 3 T wird unter dem Strich an der Tausenderstelle notiert.

```
   76.958
 - 43.907
 --------
    3.051
```

Schließlich bestimmt man den Abstand vom unteren Zehntausender zum oberen Zehntausender: Von 4 ZT auf 7 ZT fehlen 3 ZT. Dieser Abstand von 3 ZT wird unter dem Strich an der Zehntausenderstelle notiert.

```
   76.958
 - 43.907
 --------
   33.051
```

Schade, so einfach ist es nicht immer!

Auf dieser Seite ist die untere Einer-, Zehner-, Hunderterzahl usw. jeweils kleiner als die obere oder gleich groß. Was man beachten muss, wenn das nicht so ist, steht auf der nächsten Seite.

Fachbegriffe der Seiten 10 und 11:

Subtraktion	=	Abziehen, Minusrechnen
subtrahieren	=	abziehen, minusrechnen
Minus	=	das Zeichen zum Subtrahieren: –
Minuend	=	die Zahl, von der subtrahiert wird
Subtrahenden	=	die Zahlen, die subtrahiert werden
Differenz	=	Ergebnis der Subtraktion

Schriftliche Subtraktion

Die Treppe zum Erfolg: Immer nach oben – nie zurück!

Ähnlich wie beim schriftlichen Addieren wird auch beim schriftlichen Subtrahieren eine Merkzahl an der nächsthöheren Stelle notiert und zugezählt, wenn ein Zehner überschritten wird. Das ist der Fall, wenn an manchen Einer-, Zehner-, Hunderterstellen usw. die untere Zahl größer ist als die obere Zahl, wie bei dieser Beispielaufgabe:

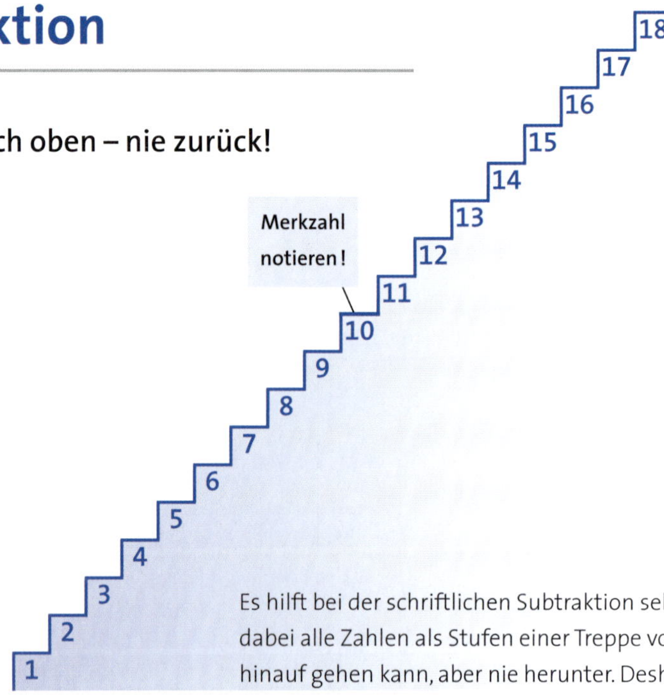

	8	2	1
-	3	6	5

Es hilft bei der schriftlichen Subtraktion sehr, wenn man sich dabei alle Zahlen als Stufen einer Treppe vorstellt, die man nur hinauf gehen kann, aber nie herunter. Deshalb geht man über den nächsten Zehner bis zu der Zahl, die denselben Einer hat. Wenn man die Zehn überschreitet, notiert man die Merkzahl an der nächsthöheren Stelle.

	8	2	1
-	3	6	5
		1	
			6

Die Einer

Von der 5 zur 1 kann man nicht gehen. Also geht man zur 11 und notiert den Zehner als Merkzahl an der nächsthöheren Stelle. Von 5 E bis 11 E sind es 6 E. Diese 6 E schreibt man unter den Strich ins Ergebnis.

	8	2	1
-	3	6	5
	1	1	
		5	6

Die Zehner

Die Merkzahl bei den Zehnern addiert man: 1 + 6 = 7. Von der 7 zur 2 kann man nicht gehen. Also geht man zur 12 und notiert die neue Merkzahl an der nächsthöheren Stelle. Von 7 Z bis 12 Z sind es 5 Z. Diese 5 Z schreibt man ins Ergebnis.

	8	2	1
-	3	6	5
	1	1	
	4	5	6

Die Hunderter

Die Merkzahl bei den Hundertern addiert man: 1 + 3 = 4. Von der 4 zur 8 kann man gehen. 4 H bis 8 H sind 4 H. Diese 4 H schreibt man ins Ergebnis.

Fast **zehntausend** begeisterte Fans hatten sich um Karten für das einzige Konzert bemüht, das Britney Spears hier in Norddeutschland geben wird.

55.000 Zuschauer feierten begeistert den Sieg des FC Leverkusen, der in dieser Höhe sicher für alle völlig überraschend war. Noch **stundenlang** nach dem Spiel

Noch **vor 30 Jahren** war es unvorstellbar, dass die Weltbevölkerung einmal **6 Milliarden Menschen** betragen würde. Das ist heute nun Wirklichkeit geworden.

Dreiste Einbrecher raubten bei einem Überfall auf einen Juwelierladen in der Königsallee Schmuck im Wert von **200.000 €**. Die Täter gingen dabei

Der neue Harry-Potter-Roman, der Mitte des nächsten Jahres erscheint, soll nach Angaben des Verlags **800 Seiten** umfassen und etwa **30 €** kosten.

Runden

Nicht alles so genau nehmen!

Der Stadionsprecher sagt es genau: „Im Fußballstadion sind heute 54 641 Besucher.“ Aber eigentlich will das niemand so genau wissen, und in der Zeitung steht dann eine ungefähre Angabe, nämlich 55 000 Besucher.

Ob ein Buch 794 Seiten hat oder 812, macht beim Lesen keinen Unterschied. Jeder weiß: Dieses Buch ist ganz schön dick.

Wie viele Menschen in einer Stadt, in einem Land oder auf der ganzen Welt leben, das kann man sowieso nicht genau wissen.

Häufig genügt deshalb statt einer ganz genauen Zahlenangabe ein ungefährer Wert – so wie in den Zeitungsausschnitten oben. Oder wie bei der Entfernung des Pluto von der Erde (vgl. Seite 6).

Statt einer genauen Zahl wie zum Beispiel

4 917 km

nennt man die nächstgelegene Zehnerzahl

4 920 km

oder die nächstgelegene Hunderterzahl

4 900 km

oder die nächstgelegene Tausenderzahl

5 000 km

Das nennt man **Runden**.
Aufrunden, wenn man die Zahl dabei vergrößert, und **Abrunden**, wenn die Zahl verkleinert wird.

Die Regeln zum Runden

Beim Runden auf Zehner, Hunderter, Tausender, Zehntausender etc. schaut man auf die Ziffer der nächstkleineren Stelle:

Ist diese Ziffer eine 0, 1, 2, 3 oder 4, dann wird abgerundet.

Ist diese Ziffer eine 5, 6, 7, 8 oder 9, dann wird aufgerundet.

Man schreibt dann das Zeichen für „ungefähr“: ≈

Beispiel: **27 516 kg**

Auf den Zehner runden:
Bei 6 (E) rundet man auf, dann werden aus **27 516 kg ≈ 27 520 kg**

Auf den Hunderter runden:
Bei 1 (Z) rundet man ab, dann werden aus **27 516 kg ≈ 27 500 kg**

Auf den Tausender runden:
Bei 5 (H) rundet man auf, dann werden aus **27 516 kg ≈ 28 000 kg**

Auf den Zehntausender runden:
Bei 7 (T) rundet man auf, dann werden aus **27 516 kg ≈ 30 000 kg**

Ein Ergebnis überschlagen

Mit gerundeten Zahlen kann man vor einer genauen Rechnung eine ungefähre Überschlagsrechnung machen:

475 € + 112 € + 686 € ≈
500 € + 100 € + 700 € ≈ 1 300 €

So kann man hinterher kontrollieren, ob das genaue Ergebnis der Überschlagsrechnung gleicht.

Das Kommutativgesetz der Multiplikation

Bei der Addition dürfen die Summanden vertauscht werden (vgl. Seite 8).

Bei der **Multiplikation** dürfen die **Faktoren** vertauscht werden!

Denn: Es ist egal, ob man acht Sechserpacks oder sechs Achterpacks hat – vorausgesetzt, in den Packungen ist der gleiche Inhalt!

6 Äpfel × 8 = 48 Äpfel   8 Äpfel × 6 = 48 Äpfel

Man darf die **Faktoren** also beliebig vertauschen. Das **Produkt** bleibt gleich.

Das nennt man das Kommutativgesetz der Multiplikation.

Multiplikation

Malnehmen – eine Erleichterung der Addition

Wenn dieselbe Zahl mehrfach addiert wird, dann kann man sie auch mit der Zahl malnehmen, die angibt, wie oft sie als Summand stehen würde:

6	•	8	=	48
Äpfel	mal	Anzahl der Packungen	gleich	Äpfel

Das Zeichen für „mal" ist ein Punkt •. Manche Leute machen auch ein Kreuz „ד.
Auch auf allen Taschenrechnern ist das Malzeichen als Kreuz „ד abgebildet.

Dieses Rechenverfahren nennt man umgangssprachlich **Malnehmen**. Das Fachwort dafür heißt **Multiplikation**.
Zum Malnehmen sagt man deshalb auch **multiplizieren**.

Die Zahlen, die miteinander **multipliziert** werden, nennt man **Faktoren**. Das Ergebnis einer **Multiplikation** ist ein **Produkt**.

Also: **4 • 7 =**

Diese Aufgabe ist eine **Multiplikation**. Man muss die Faktoren **multiplizieren**, um das **Produkt** als Ergebnis zu erhalten.

4	•	7	=	28
Faktor	mal	Faktor	gleich	Produkt

Fachbegriffe der Seiten 14 und 15:

Multiplikation	=	Malnehmen
multiplizieren	=	malnehmen
mal	=	das Zeichen zum Multiplizieren: • oder ×
Faktor	=	jedes Glied einer Multiplikation
Produkt	=	das Ergebnis einer Multiplikation

Ohne Auswendiglernen läuft beim Multiplizieren nichts!

Um im Kopf oder schriftlich multiplizieren zu können, muss man die Einmaleins-Reihen der Zahlen von 1 bis 10 auswendig können. Man nennt dies **Das Kleine Einmaleins**.

Das 1 • 1 = 1 ist, 2 • 1 = 2, 3 • 1 = 3 usw., das weiß jeder.

Genauso weiß man, dass 1 • 10 = 10 ist, 2 • 10 = 20 usw.
Deshalb stehen hier nur die Einmaleins-Reihen von 2 bis 9.

1 • 2 = 2	1 • 3 = 3	1 • 4 = 4	1 • 5 = 5
2 • 2 = 4	2 • 3 = 6	2 • 4 = 8	2 • 5 = 10
3 • 2 = 6	3 • 3 = 9	3 • 4 = 12	3 • 5 = 15
4 • 2 = 8	4 • 3 = 12	4 • 4 = 16	4 • 5 = 20
5 • 2 = 10	5 • 3 = 15	5 • 4 = 20	5 • 5 = 25
6 • 2 = 12	6 • 3 = 18	6 • 4 = 24	6 • 5 = 30
7 • 2 = 14	7 • 3 = 21	7 • 4 = 28	7 • 5 = 35
8 • 2 = 16	8 • 3 = 24	8 • 4 = 32	8 • 5 = 40
9 • 2 = 18	9 • 3 = 27	9 • 4 = 36	9 • 5 = 45
10 • 2 = 20	10 • 3 = 30	10 • 4 = 40	10 • 5 = 50

1 • 6 = 6	1 • 7 = 7	1 • 8 = 8	1 • 9 = 9
2 • 6 = 12	2 • 7 = 14	2 • 8 = 16	2 • 9 = 18
3 • 6 = 18	3 • 7 = 21	3 • 8 = 24	3 • 9 = 27
4 • 6 = 24	4 • 7 = 28	4 • 8 = 32	4 • 9 = 36
5 • 6 = 30	5 • 7 = 35	5 • 8 = 40	5 • 9 = 45
6 • 6 = 36	6 • 7 = 42	6 • 8 = 48	6 • 9 = 54
7 • 6 = 42	7 • 7 = 49	7 • 8 = 56	7 • 9 = 63
8 • 6 = 48	8 • 7 = 56	8 • 8 = 64	8 • 9 = 72
9 • 6 = 54	9 • 7 = 63	9 • 8 = 72	9 • 9 = 81
10 • 6 = 60	10 • 7 = 70	10 • 8 = 80	10 • 9 = 90

Unvorstellbar für uns: In manchen Schulen mussten die Schüler früher auch das „Große Einmaleins" auswendig pauken – sämtliche Produkte aller Zahlen zwischen 1 und 100!
73 • 87 oder 48 • 64 – solche Aufgaben rechnen wir heute schriftlich oder mit dem Taschenrechner.

Unbedingt merken: Jede Zahl mal Null = Null !!!

Dass man Addition und Subtraktion bis 10 mit den Fingern rechnen kann, weiß man von Kindern.

Was aber kaum einer weiß:
Manche Völker konnten früher mit den Fingern Multiplikationen aller Zahlen zwischen 5 und 15 durchführen! Für das richtige Ergebnis brauchten sie nicht mehr Zeit, als wir heutzutage mit einem Taschenrechner brauchen würden!

Schriftliche Multiplikation

Das Grundprinzip der schriftlichen Multiplikation

Um eine Aufgabe wie zum Beispiel

213 • 3

zu lösen, könnte man E, Z und H getrennt voneinander mit 3 multiplizieren und die Ergebnisse addieren:

3 • 3 = 9	9
3 • 10 = 30	+ 30
3 • 200 = 600	+ 600
	639

Die schriftliche Multiplikation ist eine Kurzform dieses Verfahrens:

213 • 3
639

Man fängt rechts an und multipliziert erst die Einer:

3 • 3 = 9

Diese 9 E schreibt man unter die 3 nach dem Malpunkt. Dann multipliziert man die Zehner:

3 • 1 = 3

Die 3 Z schreibt man vor die Einer.

Dann multipliziert man die Hunderter:

3 • 2 = 6

Die 6 H schreibt man vor die Zehner.

Merkzahlen beim schriftlichen Multiplizieren

Bei einer Aufgabe wie zum Beispiel

47 • 4

entstehen bei der Multiplikation der Einer nicht nur Einer, sondern auch zwei Zehner:

4 • 7 = 28	28
4 • 40 = 160	+ 160
	188

In solchen Fällen geht man beim schriftlichen Multiplizieren so vor:

47 • 4
188

Man multipliziert die Einer. 4 • 7 = 28. Dann notiert man die 8 E und merkt sich 2 Z. Dann multipliziert man die Zehner: **4 • 4 = 16**

Zur 16 addiert man die Merkzahl: 16 + 2 = 18. Weil keine weitere Stelle mehr folgt, schreibt man diese 18 Z ins Ergebnis.

Mehrere Merkzahlen beim schriftlichen Multiplizieren

Auch die schriftliche Multiplikation größerer Zahlen macht keine Schwierigkeiten. Immer dann, wenn beim Multiplizieren einer Stelle ein zweistelliger Wert entsteht, wird der Einer notiert und die Zehner als Merkzahl bei der nächsten Stelle addiert.

15.378 • 5
76.890

Die Zwischenschritte dieser Rechnung sind:

E:	5 • 8 = 40	0 notiert, 4 gemerkt
Z:	5 • 7 = 35	
	35 + 4 = 39	9 notiert, 3 gemerkt
H:	5 • 3 = 15	
	15 + 3 = 18	8 notiert, 1 gemerkt
T:	5 • 5 = 25	
	25 + 1 = 26	6 notiert, 2 gemerkt
ZT:	5 • 1 = 5	
	5 + 2 = 7	7 notiert

Wozu das Kommutativgesetz der Multiplikation gut ist ...
Beim schriftlichen Multiplizieren ist es meist sinnvoll, die Zahl mit weniger Stellen an die zweite Stelle zu schreiben.
Statt 17 • 74.958 kann man besser 74.958 • 17 berechnen.
Das kann man machen, weil ja die Reihenfolge der Faktoren vertauscht werden darf.

Schriftliches Multiplizieren mit glatten Z, H, T, ZT, HT, Mio, Mia, ...

Bei der schriftlichen Multiplikation mit einem glatten Zehner, Hunderter, Tausender usw. rechnet man zuerst wie gewohnt. Dann ergänzt man im Ergebnis so viele Nullen, wie dieser Faktor hat.

1. Beispielreihe:

325 • 7	325 • 70	325 • 7.000	325 • 700.000
2.275	22.750	2.275.000	227.500.000

2. Beispielreihe:

8.976 • 6	8.976 • 6.000	8.976 • 600.000	8.976 • 600.000.000
53.856	53.856.000	5.385.600.000	5.385.600.000.000

Solche großen Zahlen untergliedert man am besten schon beim Aufschreiben.
Auf alle Fälle sollte man die Ergebniszahlen zum Schluss in Dreiergruppen von rechts nach links durch Punkte gliedern (vgl. Seite 6).

Was tun, wenn beide Faktoren mehrstellig sind?

Oft muss man zwei Zahlen multiplizieren, die beide mehrstellig sind, z.B.

623 • 485

Dafür gibt es zwei verschiedene Schreibweisen:

eine ganz ausführliche Form:

Man rechnet:
a) zuerst die höchste Stelle (Hunderter)
b) dann die zweite Stelle (Zehner)
c) dann die dritte Stelle (Einer) aus.

Bei den Hundertern und Zehnern ergänzt man entsprechend viele Nullen.

```
  623 • 485
  ---------
     249200   →   623 • 400 = 249200
+     49840   →   623 •  80 =  49840
+      3115   →   623 •   5 =   3115
        121
  ---------
    302.155
```

Dann zieht man einen Strich darunter und addiert die Ergebniszahlen schriftlich.

eine Kurzform:

Für die Kurzform sollte man Rechenpapier haben, damit man sich sicher ist, dass die richtigen Stellen untereinander stehen. Dann kann man die Nullen beim Aufschreiben weglassen.

```
  623 • 485
  ---------
   2492
+   4984
+    3115
     121
  ---------
   302.155
```

Schlicht und einfach verboten – das Teilen durch Null

In der Mathematik gibt es ein klares Verbot:

Das Teilen durch Null ist verboten !!!

Falls in einer Rechenaufgabe das Dividieren durch Null vorkommt, ist die Rechnung falsch ! Da muss man nochmal von vorn anfangen ... !

Division

48 Getränkedosen bekommt man nicht alleine leer. Schön, wenn dann Leute kommen, mit denen man teilen kann!

Eine gerechte Sache – Teilen, so dass jeder gleichviel bekommt.

48 Getränkedosen sind da. 8 Leute kommen, und jeder soll gleichviele Dosen bekommen. Da muss man teilen:

48	:	8	= 6
Dosen		Personen	Dosen pro Person

Das Zeichen für **geteilt durch** ist der Doppelpunkt: „**:**“.
Man sagt oft auch nur **durch** statt **geteilt durch**.

Dieses Rechenverfahren nennt man umgangssprachlich **Teilen**. Das Fachwort dafür heißt **Division**. Zum Teilen sagt man deshalb auch **dividieren**. Die Zahl, die geteilt wird, nennt man **Dividend**. Die Zahl, durch die geteilt wird, nennt man **Divisor**. Das Ergebnis einer **Division** nennt man den **Quotienten**.

Also: **35 : 5 =**

Diese Aufgabe ist eine **Division**. Man muss den **Dividenden** durch den **Divisor** teilen, um den **Quotienten** als Ergebnis zu erhalten.

35	:	5	=	7
Dividend	geteilt durch	Divisor	gleich	Quotient

Auf dem Taschenrechner sieht das Geteilt-Zeichen so aus: ÷

Die Division ist die Umkehrung der Multiplikation

Jede Divisionsaufgabe kann man mit einer entsprechenden Multiplikationsaufgabe kontrollieren:

24 : 3 = 8	denn:	8 • 3 = 24
49 : 7 = 7	denn:	7 • 7 = 49
18 : 2 = 9	denn:	9 • 2 = 18

Die Null teilen: Bleibt Null!

Wenn sechs Freunde überraschend zu Besuch kommen, die gern Cola trinken, und man überhaupt keine Cola im Haus hat, kann man auch nichts verteilen. Keiner bekommt Cola! (Vielleicht mag jemand Kaffee?)

0	:	6	=	0
Cola		Freunde		Cola

Ganz egal, durch welche Zahl die Null dividiert wird – es bleibt immer Null als Ergebnis.

Auch Dividieren geht nicht ohne Auswendiglernen!

Um im Kopf oder schriftlich dividieren zu können, muss man die Teilerreihen der einstelligen Zahlen auswendig können. Hier stehen die Teilerreihen von 2 bis 9.

2 : 2 = 1	3 : 3 = 1	4 : 4 = 1	5 : 5 = 1
4 : 2 = 2	6 : 3 = 2	8 : 4 = 2	10 : 5 = 2
6 : 2 = 3	9 : 3 = 3	12 : 4 = 3	15 : 5 = 3
8 : 2 = 4	12 : 3 = 4	16 : 4 = 4	20 : 5 = 4
10 : 2 = 5	15 : 3 = 5	20 : 4 = 5	25 : 5 = 5
12 : 2 = 6	18 : 3 = 6	24 : 4 = 6	30 : 5 = 6
14 : 2 = 7	21 : 3 = 7	28 : 4 = 7	35 : 5 = 7
16 : 2 = 8	24 : 3 = 8	32 : 4 = 8	40 : 5 = 8
18 : 2 = 9	27 : 3 = 9	36 : 4 = 9	45 : 5 = 9
20 : 2 = 10	30 : 3 = 10	40 : 4 = 10	50 : 5 = 10

6 : 6 = 1	7 : 7 = 1	8 : 8 = 1	9 : 9 = 1
12 : 6 = 2	14 : 7 = 2	16 : 8 = 2	18 : 9 = 2
18 : 6 = 3	21 : 7 = 3	24 : 8 = 3	27 : 9 = 3
24 : 6 = 4	28 : 7 = 4	32 : 8 = 4	36 : 9 = 4
30 : 6 = 5	35 : 7 = 5	40 : 8 = 5	45 : 9 = 5
36 : 6 = 6	42 : 7 = 6	48 : 8 = 6	54 : 9 = 6
42 : 6 = 7	49 : 7 = 7	56 : 8 = 7	63 : 9 = 7
48 : 6 = 8	56 : 7 = 8	64 : 8 = 8	72 : 9 = 8
54 : 6 = 9	63 : 7 = 9	72 : 8 = 9	81 : 9 = 9
60 : 6 = 10	70 : 7 = 10	80 : 8 = 10	90 : 9 = 10

Fachbegriffe der Seiten 18 und 19:

- **Division** = das Teilen
- **dividieren** = teilen
- **Geteilt durch** = Durch = Teilungszeichen: : oder ÷
- **Dividend** = die Zahl, die geteilt wird
- **Divisor** = die Zahl, durch die geteilt wird
- **Quotient** = das Ergebnis der Division

Durch 1 teilen

Wenn man 48 Getränkedosen nur auf sich selbst aufteilen muss, dann behält man auch 48 Dosen.

Wenn man alleine Lotto spielt und dann 458.793 € gewonnen hat, braucht man das Geld nur mit sich selbst zu teilen und kann 458.793 € behalten.

Regel: Wenn man eine Zahl durch 1 dividiert, erhält man als Ergebnis immer dieselbe Zahl – und nicht etwa 1!

48	:	1	=	48
Dosen		Person		Dosen
458.793	:	1	=	458.793
gewonnene €		Person		gewonnene €

Schließlich will niemand vom riesigen Lottogewinn nur 1 € erhalten, oder?

Schriftliche Division

Wenn's im Kopf nicht geht:

Das schriftliche Dividieren ist ein kompliziertes Rechenverfahren. Dabei muss natürlich dividiert werden, aber bei den Zwischenschritten wird auch multipliziert und subtrahiert.

Die Beispielaufgabe **1956 : 4** wird in den ersten Schritten so ausgerechnet:

```
1956 : 4 = 4
```

```
1956 : 4 = 4
16
—
```

```
1956 : 4 = 4
16↓
—
 35
```

1. Schritt

Die Teilung beginnt bei der ersten Zahl des Dividenden, die durch den Divisor zu teilen ist. 1 ist nicht durch 4 zu teilen, also beginnt man mit 19. Die nächstliegende kleinere Zahl, die durch 4 zu teilen ist, ist 16. **16 : 4 = 4**
Diese 4 wird ins Ergebnis geschrieben.

2. Schritt

Die Ergebniszahl wird mit dem Divisor multipliziert: **4 • 4 = 16**.
Diese 16 wird unter die Stellen notiert, die geteilt wurden. Darunter macht man einen Strich.

3. Schritt

Man subtrahiert: **19 – 16 = 3**.
Die 3 wird notiert und danach die 5 aus dem Dividenden hinzugefügt.

Weitere Schritte:

Die weiteren Schritte folgen dem gleichen Verfahren:
Erst dividieren, dann multiplizieren, dann subtrahieren, dann eine weitere Stelle aus dem Dividenden dazufügen.
Dann sieht die vollständige Rechnung am Ende so aus:

```
1956 : 4 = 489
16↓|
—
 35
 32↓
 —
  36
  36
  —
   0
```

Die schriftliche Division lässt man sich am besten persönlich zeigen und erklären. Das geht am einfachsten! Dann hat man außer diesem Rechenverfahren gleich noch etwas Anderes, sehr Wichtiges gelernt: dass man jemanden fragen sollte, wenn man etwas nicht weiß oder kann!

Manchmal gehen die Rechnungen nicht glatt auf. Dann bleibt ein Rest. Diesen Rest notiert man nach der Ergebniszahl und schreibt ihn als Division:

```
347 : 9 = 38 Rest 5 : 9
27↓
—
 77
 72
 —
  5
```

Quersumme

Quersumme nennt man die Summe der Ziffern einer Zahl.

Beispiele: Die Quersumme

a) von 3.589 ist 3 + 5 + 8 + 9 = 25

b) von 438 ist 4 + 3 + 8 = 15

c) von 121.132.512 ist 1 + 2 + 1 + 1 + 3 + 2 + 5 + 1 + 2 = 18

Division durch Zehnerzahlen

Der Trick mit den Nullen

Es kommt oft vor, dass man glatte Millionen, Hunderttausender, Zehntausender, Tausender usw. durch glatte Tausender, Hunderter, Zehner usw. teilen muss.

Da braucht man keinen Taschenrechner und kein schriftliches Rechenverfahren. Schließlich ändert die Anzahl der Nullen, die man bei Dividend und Divisor gleichzeitig anhängt, nichts am Ergebnis:

27 : 3 = 9 270 : 30 = 9 2.700 : 300 = 9 270.000.000 : 30.000.000 = 9

Deshalb kann man beim Dividieren von vielstelligen Zahlen beim Dividenden und Divisor immer so viele Nullen wegstreichen, **wie sie gemeinsam haben**:

9.~~000~~ : 3.~~000~~ → 9 : 3 = 3 12~~0~~.~~000~~ : 3~~0~~.~~000~~ → 12 : 3 = 4

Auch bei Zahlen, die nicht gleichviele Nullen haben, ermöglicht das Streichen der gemeinsamen Nullen ganz oft, dass man diese Aufgaben im Kopf ausrechnen kann:

150.~~000~~ : 3.~~000~~ → 150 : 3 = 50 49.00~~0~~.~~000~~ : 7~~0~~.~~000~~ → 4.900 : 7 = 700

Auf diese Weise kann man sehr oft schnelle Überschlagsrechnungen machen:

488.750 : 4.913 ≈ 500.~~000~~ : 5.~~000~~ → 500 : 5 = 10

Die Teilbarkeitsregeln

Häufig ist es nötig festzustellen, durch welche einstellige Zahl eine mehrstellige Zahl geteilt werden kann. Da gibt es für alle Zahlen (außer für die 7) hilfreiche Regeln, mit denen man die Teilbarkeit einer Zahl schnell erkennen kann. Das Teilen durch 0 ist verboten, und durch 1 ist jede Zahl teilbar. Darum kann man mit 2 beginnen:

2 Alle geraden Zahlen sind durch 2 teilbar, also alle Zahlen, die mit 2, 4, 6, 8, 0 enden.
3 Eine Zahl ist durch 3 teilbar, wenn ihre Quersumme durch 3 teilbar ist.
4 Eine Zahl ist durch 4 teilbar, wenn die beiden letzten Ziffern durch 4 teilbar sind.
5 Alle Zahlen sind durch 5 teilbar, die als letzte Ziffer 5 oder 0 haben.
6 Durch 6 sind alle geraden Zahlen teilbar, deren Quersumme durch 3 teilbar ist.
7 Durch 8 sind alle Zahlen teilbar, deren letzte drei Ziffern durch 8 teilbar sind.
8 Durch 9 sind alle Ziffern teilbar, deren Quersumme durch 9 teilbar ist.

Taschenrechner verwenden!

Divisionen durch mehrstellige Zahlen berechnet man in aller Regel weder im Kopf noch schriftlich. Man verwendet dazu den Taschenrechner.

Zehnerpotenzen

Z, H, T, ZT, HT, Mio, Mia... kann man auch als Potenzen von 10 ausdrücken. Der Exponent gibt an, wie viel Nullen die Zahl hat:

$10^2 = 100$ $\quad 10^3 = 1.000$ $\quad 10^4 = 10.000$

$10^7 = 10.000.000$ $\quad 10^{12} = 1.000.000.000.000$

Potenzieren

Mehrere Leute – derselbe Gedanke

Bei einer Geburtstagsfeier haben manchmal mehrere Leute dieselbe Idee. Wenn man von drei Leuten je drei Packungen mit jeweils drei Tennisbällen geschenkt bekommt – wie viele Tennisbälle hat man dann bekommen?

Die Quadratzahlen von 1 - 20

Potenzen mit dem Exponenten 2 nennt man auch **Quadratzahlen**. Die Quadratzahlen von 1 - 20 sollte man auswendig kennen:

$1^2 = 1 \cdot 1 = 1$

$2^2 = 2 \cdot 2 = 4$

$3^2 = 3 \cdot 3 = 9$

$4^2 = 4 \cdot 4 = 16$

$5^2 = 5 \cdot 5 = 25$

$6^2 = 6 \cdot 6 = 36$

$7^2 = 7 \cdot 7 = 49$

$8^2 = 8 \cdot 8 = 64$

$9^2 = 9 \cdot 9 = 81$

$10^2 = 10 \cdot 10 = 100$

$11^2 = 11 \cdot 11 = 121$

$12^2 = 12 \cdot 12 = 144$

$13^2 = 13 \cdot 13 = 169$

$14^2 = 14 \cdot 14 = 196$

$15^2 = 15 \cdot 15 = 225$

$16^2 = 16 \cdot 16 = 256$

$17^2 = 17 \cdot 17 = 289$

$18^2 = 18 \cdot 18 = 324$

$19^2 = 19 \cdot 19 = 361$

$20^2 = 20 \cdot 20 = 400$

Potenzieren – eine Erleichterung der Multiplikation

Manchmal wird eine Zahl mehrfach mit sich selbst multipliziert. Dafür gibt es eine vereinfachte Schreibweise:

$$5 \cdot 5 \cdot 5 \cdot 5 = 5^4$$

4 Faktoren — Exponent (4) — Basis (5)

Diese Schreibweise nennt man eine **Potenz**. Das Rechenverfahren heißt **Potenzieren**. Die großgeschriebene Zahl nennt man **Basis**. Sie gibt an, welche Zahl multipliziert wird. Die kleingeschriebene Zahl nennt man **Exponent**. Sie gibt an, wie oft die **Basis** als Faktor multipliziert wird. Man liest eine Potenz so: 5^4 = fünf hoch vier, 3^3 = drei hoch drei. Das Ergebnis ist genau wie bei der Multiplikation ein **Produkt**. Ein besonderes Verfahren zum Ausrechnen einer Potenz gibt es nicht. Man muss multiplizieren:

$$7^2 = 7 \cdot 7 = 49$$

$$9^3 = 9 \cdot 9 \cdot 9 = 729$$

$$2^6 = 2 \cdot 2 \cdot 2 \cdot 2 \cdot 2 \cdot 2 = 64$$

Kubikzahlen

Potenzen mit dem Exponenten 3 nennt man auch **Kubikzahlen**, z.B.:

$2^3 = 8$ $\quad 3^3 = 27$ $\quad 4^3 = 64$ $\quad 5^3 = 125$

Fachbegriffe der Seiten 22 und 23:

Potenz = Schreibweise, bei der eine Zahl mehrfach mit sich selbst multipliziert wird

potenzieren = eine Zahl mehrfach mit sich selbst multiplizieren

Basis = Zahl beim Potenzieren, die mehrfach multipliziert wird

Exponent = hochgestellte Zahl beim Potenzieren, die sagt, wie oft die Basis multipliziert wird

Quadratzahlen = Potenzen mit dem Exponenten 2

Kubikzahlen = Potenzen mit dem Exponenten 3

Punktrechnung = Multiplikation, Division und Potenzen

Strichrechnung = Addition und Subtraktion

Punktrechnung und Strichrechnung

Sind 45 und 33 dasselbe?

Wie heißt das Ergebnis der Aufgabe 6 + 9 • 3? Sind es 45 oder 33?

$$\underbrace{6 + 9} \cdot 3 = 15 \cdot 3 = 45$$

$$6 + \underbrace{9 \cdot 3} = 6 + 27 = 33$$

Zweimal dieselbe Aufgabe mit drei Gliedern: Einmal wird addiert, einmal wird multipliziert. Beide Rechnungen scheinen richtig zu sein. Trotzdem kommen sie zu einem völlig unterschiedlichen Ergebnis. Aber nur die Lösung „33" ist richtig.

Punkt vor Strich!

Mehrgliedrige Aufgaben, in denen sowohl Additions-, Subtraktions-, Divisions- und Multiplikationsaufgaben vorkommen, darf man nicht in völlig beliebiger Reihenfolge ausrechnen, sonst kommt man zu so unterschiedlichen Ergebnissen wie beim Beispiel oben.
Deshalb hat man in der Mathematik eine Vereinbarung getroffen, an die sich jeder beim Rechnen halten muss:

Punktrechnung : •
geht vor
Strichrechnung + –

Als **Punktrechnung** bezeichnet man die **Multiplikation** und die **Division**, wegen ihrer punktförmigen Rechenzeichen.
Strichrechnung umfasst **Addition** und **Subtraktion**, weil ihre Rechenzeichen aus Strichen bestehen.

Die Regel sagt also: **Multiplikationen und Divisionen werden als erste ausgeführt, bevor addiert oder subtrahiert wird.**

Aus **19 + 12 : 4** wird **19 + 3 = 22**
denn zuerst wird die Division **12 : 4 = 3** ausgeführt und erst dann die Addition.

Aus **58 – 6 • 9** wird **58 – 54 = 4**
denn zuerst wird die Multiplikation **6 • 9 = 54** ausgeführt und dann erst die Subtraktion.

Eine Potenz wirkt schon von der Schreibweise her wie eine einzelne Zahl. Natürlich wird auch eine Potenz zuerst ausgerechnet, bevor ihr Ergebnis mit den anderen Gliedern einer Rechnung addiert oder subtrahiert wird.

Aus $5^3 - 75$ wird $125 - 75 = 50$

Solche Rechnungen können auch mehr als nur drei Glieder haben:

$$\underbrace{7 \cdot 3} + \underbrace{9 : 3} - 2^3 + \underbrace{9 \cdot 9} = 21 + 3 - 8 + 81 = 97$$

Immer ist zu beachten: Erst werden Divisions- und Multiplikationsaufgaben ausgerechnet, bevor Addition und Subtraktion ausgeführt werden.

Klammern

Klammern als Rechenhilfe

Warum kompliziert, wenn es auch einfach geht?
Mehrgliedrige Additionen kann man natürlich nacheinander Glied für Glied für Glied ausrechnen. Manchmal können mehrere Zahlen aber viel leichter addiert werden, wenn man einige Summanden geschickt verbindet und zuerst ausrechnet. Dies notiert man in der Rechnung, indem man um die verbundenen Summanden eine Klammer macht.
Bei der folgenden Beispielaufgabe fällt beim näheren Hinsehen auf, dass einzelne Summanden jeweils eine Hunderterzahl ergeben. Deshalb rechnet man am geschicktesten so:

38 + 64 + 36 + 627 + 73 =
38 + (64 + 36) + (627 + 73) =
38 + 100 + 700 =
38 + (100 + 700) =
38 + 800 = **838**

Bei anderen Aufgaben kann man die Summanden umstellen, bevor man einzelne Summanden mit Klammern so zusammenfasst, dass in den Zwischenschritten glatte Zehner- und Hunderterzahlen entstehen:

37 + 59 + 23 + 73 + 41 =
37 + 73 + 59 + 41 + 23 =
(37 + 73) + (59 + 41) + 23 =
110 + 100 + 23 =
(110 + 100) + 23 =
210 + 23 = **233**

Das Assoziativgesetz der Addition
Bei mehrgliedrigen Additionen darf man einzelne Summanden beliebig durch Klammern zusammenfassen und die Klammern zuerst ausrechnen.
Hierdurch verändert sich nichts am Ergebnis.
Aber Vorsicht! Das Assoziativgesetz gilt nicht für die Subtraktion!

Die Stadthalle hat Platz für 1.200 Besucher. Bei einem Konzert wurden 675 Karten im Vorverkauf abgeholt und 417 an der Abendkasse. Wie viele Plätze blieben frei?

1.200 – (675 + 417) =
1.200 – 1.092 = **108**

Klammern als Rechenzeichen

Das Nicht-Beachten führt zu falschen Ergebnissen!
Klammern sind häufig Rechenzeichen, die eindeutig die Reihenfolge der Rechenschritte festlegen. Sie werden vor allem dann nötig, wenn mehrfach Additionen und Subtraktionen nacheinander ausgeführt werden. Das Weglassen der Klammern würde zu einem anderen, falschen Ergebnis führen!
Rechenschritte in der Klammer werden immer zuerst ausgerechnet.

122 – (60 + 32) + 27 =
122 – 92 + 27 =

Danach kann es günstig sein, zur Erleichterung der Rechnung erneut zwei Glieder der Rechnung mit einer Klammer zu verbinden.

(122 – 92) + 27 =
30 + 27 = **57**

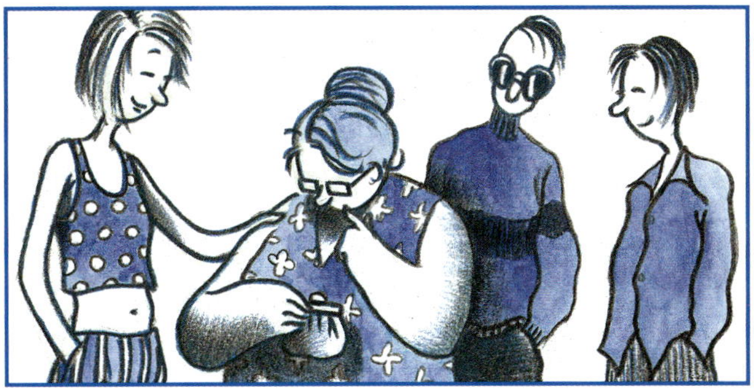

Was bleibt Oma von 100 € übrig, ...
... wenn sie jedem ihrer drei Enkel 30 € schenkt?
Da kann sie rechnen:

100 € – 30 € – 30 € – 30 € oder
100 € – (30 € + 30 € + 30 €)

Wie sie auch rechnet: Mehr als 10 € bleiben ihr nicht übrig!

Klammerregeln

Punktrechnung, Strichrechnung

Innerhalb von Klammern gilt natürlich die Regel „Punktrechnung geht vor Strichrechnung"!

$273 - (6 \cdot 9 + 18) =$
$273 - (54 + 18) =$
$273 - 72 = 201$

$582 + (95 - 81 : 9) =$
$582 + (95 - 9) =$
$582 + 86 = 668$

Klammern, Punktrechnung, Strichrechnung

Wenn Klammern, Punktrechnung und Strichrechnung zusammentreffen, dann werden zuerst die Klammern ausgerechnet, danach gilt: Punktrechnung geht vor Strichrechnung.

$(254 + 186) : 20 + 7 \cdot (211 - 131) =$
$440 : 20 + 7 \cdot 80 =$
$22 + 560 = 582$

$(12 - 16 : 4) - (7 \cdot 3 + 21) : 7 =$
$(12 - 4) - (21 + 21) : 7 =$
$8 - 42 : 7 =$
$8 - 6 = 2$

Runde Klammern, eckige Klammern

Manchmal tauchen in Rechnungen außer den runden Klammern auch noch eckige Klammern auf. Wenn solche eckigen Klammern auftauchen, rechnet man die runden Klammern zuerst aus, danach die eckigen Klammern.

$3.960 - [(406 + 620) - 16] =$
$3.960 - (1.026 - 16) =$
$3.960 - 1.010 = 2.950$

Steht ein Minus vor der Klammer ...

Manchmal kann man Klammern weglassen, denn **wenn vor der Klammer ein Pluszeichen steht**, ändert sich dadurch das Ergebnis nicht:

$29 + (17 - 3) = 29 + 17 - 3 = 43$

Anders ist es, **wenn ein Minuszeichen vor der Klammer steht**: Dann ändern sich beim Weglassen der Klammer alle Strichrechnungszeichen innerhalb der Klammer ins Gegenteil!

$78 - (24 + 12) = 78 - 24 - 12 = 42$ oder:

$14 - (3 + 4 - 2) = 14 - 3 - 4 + 2 = 9$

Schon seit Generationen lernt man dazu den Merkspruch:

„Steht ein Minus vor der Klammer – dreht sich um der ganze Jammer."

Primzahlen

65537 = 1 • 65537

Nach monatelangem Rechnen endlich der Erfolg!

65.537 = 1 • 65.537! – „Na toll", kann man da sagen, „das ist doch selbstverständlich. Jede Zahl, mit 1 malgenommen, ergibt sich selbst. Was ist das Besondere daran?"
Nun – 65.537 hat keinen anderen Teiler außer 1 und sich selbst! Diese Zahl ist nicht durch 2, 3, 4, 5, 6, 7, 8, 9, 11 oder 13 etc. zu teilen, auch nicht vielleicht durch 281, 349 oder 9.677 etc. nein, sie ist überhaupt nicht zu teilen!
Um das zu beweisen, hat der französische Mathematiker **Pierre de Fermat** (1601 - 1655) sicher viele Monate, wenn nicht Jahre gerechnet. Und dann hat er sie gefunden: Die größte nicht zerlegbare Zahl, die zu seiner Zeit bekannt war, nämlich 65.537!

Faszination seit Jahrtausenden – Zahlen, die nicht zerlegbar sind

Die **Primzahlen** haben die Mathematiker schon seit Jahrtausenden ganz besonders fasziniert. Es erstaunt nicht, dass man immer weniger Primzahlen findet, je weiter man in der Zahlenreihe vorwärts kommt. Trotzdem sind sie äußerst unregelmäßig verteilt. Manchmal folgt über mehrere Zehner, ja Hunderter keine Primzahl, dann wieder liegen sie dicht beieinander: so die Zahlen 9.677 und 9.679, die beide Primzahlen sind. Solche Zahlen nennt man Primzahl-Zwillinge. Es gibt auch Primzahl-Drillinge: Bei ihnen liegen die kleinste und die größte Zahl höchstens 6 E auseinander, z.B 101, 103, 107.

Primzahlen

Man nennt eine Zahl **zerlegbar**, wenn man die Zahl als Produkt kleinerer Zahlen schreiben kann:

14 = 2 • 7 15 = 3 • 5 121 = 11 • 11

Wenn eine Zahl nur durch 1 und sich selbst zu teilen ist, nennt man sie eine **Primzahl**.
Die Zahl 1 selbst ist jedoch keine Primzahl.
Die ersten Primzahlen der Zahlenreihe heißen also:

2, 3, 5, 7, 11, 13, 17, 19, 23, 29, 31 ...

Nur noch mit dem Computer zu berechnen – die größten Primzahlen

Seit Jahrzehnten „jagen" Mathematiker mit immer besseren Rechnern nach der größten bekannten Primzahl.
Die Primzahl, die sich ergibt, wenn man $2^{216091} - 1$ ausrechnen würde, hätte 65.050 Stellen! Wenn man diese Primzahl mit einer Schreibmaschine aufschreiben würde, dann wäre die Zahl fast 220 m lang – mehr als eine halbe Runde um den Sportplatz!

Fachbegriffe der Seiten 26 und 27:

Primzahlen	=	Zahlen, die nur durch sich selbst und durch 1 zu teilen sind; die 1 ist keine Primzahl
zerlegbare Zahlen	=	Zahlen, die als Produkt kleinerer Zahlen geschrieben werden können
Primfaktoren	=	Primzahlen, die als Faktoren bei der Zerlegung einer Zahl entstehen
Primfaktorzerlegung	=	die Darstellung einer Zahl als Primfaktoren

Primfaktorzerlegung

Nicht auf den ersten Blick zu erkennen: Primzahlen

Bis zur Zahl 350 tauchen in unserer Zahlenreihe genau 70 Primzahlen auf!
Aber nur bis etwa zur Zahl 30 haben die meisten Menschen ein sicheres Gespür dafür, ob eine Zahl durch andere Zahlen als durch 1 und sich selbst zu teilen ist, oder nicht.
Danach wird es schwieriger. Ist 43 eine Primzahl? (Ja!) oder 51? (Nein, sie ist durch 3 und 17 zu teilen). Die 57? (Nein, sie ist durch 3 und 19 zu teilen). Oder die 67? (Ja!)

2	31	73	127	179	233	283
3	37	79	131	181	239	293
5	41	83	137	191	241	307
7	43	89	139	193	251	311
11	47	97	149	197	257	313
13	53	101	151	199	263	317
17	59	103	157	211	269	331
19	61	107	163	223	271	337
23	67	109	167	227	277	347
29	71	113	173	229	281	349

Primzahlen bis 350

Die Zerlegung in Primfaktoren

Jede Zahl, die keine Primzahl ist, kann man in ein Produkt mit kleineren Faktoren zerlegen.

$14 = 2 \cdot 7$ $27 = 3 \cdot 9$ $36 = 6 \cdot 6$ $42 = 6 \cdot 7$ $56 = 7 \cdot 8$ $72 = 8 \cdot 9$

Wenn dabei die Faktoren selbst keine Primzahlen sind, kann man sie weiter zerlegen. Wenn dieselben Faktoren mehrfach auftreten, kann man sie auch als Potenzen aufschreiben.

Die so entstandenen Faktoren nennt man **Primfaktoren**. Wenn man eine Zahl in ein Produkt zerlegt, das nur aus **Primfaktoren** besteht, nennt man das **Primfaktorzerlegung**.

$27 = 3 \cdot 9 = 3 \cdot 3 \cdot 3$ $\quad 3^3$
$36 = 6 \cdot 6 = 2 \cdot 3 \cdot 6 = 2 \cdot 3 \cdot 2 \cdot 3$ $\quad 2^2 \cdot 3^2$
$42 = 6 \cdot 7 = 2 \cdot 3 \cdot 7$
$56 = 7 \cdot 8 = 7 \cdot 2 \cdot 4 = 7 \cdot 2 \cdot 2 \cdot 2$ $\quad 2^3 \cdot 7$
$72 = 8 \cdot 9 = 2 \cdot 4 \cdot 9 = 2 \cdot 2 \cdot 2 \cdot 3 \cdot 3$ $\quad 2^3 \cdot 3^2$

Unendlich viele Primzahlen

Benachbarte Zahlen (wie 15 und 16 oder wie 27 und 28) können keinen gemeinsamen Teiler haben.
Wenn man also alle Primzahlen in Folge multipliziert und noch 1 dazuzählt, muss eine neue Primzahl entstehen:

$2 \cdot 3 + 1 = 7$ → Primzahl!
$2 \cdot 3 \cdot 5 + 1 = 31$ → Primzahl!
$2 \cdot 3 \cdot 5 \cdot 7 + 1 = 211$ → Primzahl!

Schon vor über 2.300 Jahren hat der griechische Mathematiker **Euklid** daraus gefolgert: Die Reihe der Primzahlen muss unendlich sein. Denn zu jeder vollständigen Faktorreihe von Primzahlen kann man noch eine 1 dazuzählen – und erhält eine neue Primzahl!

Das kleinste gemeinsame Vielfache

Unter allen gemeinsamen Vielfachen von zwei Zahlen gibt es eines, das am kleinsten ist. Man nennt es das **kleinste gemeinsame Vielfache** und kürzt ab: **kgV.**

Beim Aufschreiben gibt man in einer Klammer an, von welchen Zahlen man das kgV ausrechnet. Man schreibt so:

kgV (8; 10) = 40   kgV (10; 25) = 50

Das kleinste gemeinsame Vielfache (kgV)

Pünktlichkeit ist alles!

Gerade fahren auf der U-Bahn-Station zwei Bahnen gleichzeitig ab:

Die Linie 37, die regelmäßig alle 8 Minuten fährt, und die Linie 26, die regelmäßig alle 10 Minuten fährt.

Nach wie vielen Minuten werden sie wieder gemeinsam starten?

Die beiden U-Bahn-Linien werden schon innerhalb der nächsten Stunde wieder zusammen losfahren:

in 10 Minuten

in 20 Minuten

in 30 Minuten

in 40 Minuten

in 8 Minuten

in 16 Minuten

in 24 Minuten

in 32 Minuten

in 40 Minuten

Sie starten in 40 Minuten wieder gleichzeitig. Beide Bahnen werden natürlich im Laufe des Tages noch öfter gemeinsam losfahren: in 80 Minuten, in 120 Minuten, in 160 Minuten und so weiter. 40 (Minuten) ist aber das kleinste gemeinsame Vielfache von 8 (Minuten) und 10 (Minuten).

Das kgV berechnen

Manchmal sieht man auf den ersten Blick, was das kgV von zwei Zahlen ist – vor allem dann, wenn die größere Zahl ein Vielfaches der kleineren Zahl ist:

kgV (5; 30) = 30   kgV (7; 49) = 49

Oder:

kgV (18; 54) = 54   kgV (31; 93) = 93

Wenn man das kgV nicht sofort erkennen kann, dann errechnet man es so:

a) Man zerlegt beide Zahlen in Primfaktoren und schreibt sie so auf, dass sie in der Reihenfolge der Größe nacheinander erscheinen:

$84 = 2 \cdot 2 \cdot 3 \cdot 7$

$105 = 3 \cdot 5 \cdot 7$

b) Man zieht einen Strich darunter und schreibt alle Primfaktoren auf – wenn sie jeweils oben und unten stehen, jedoch nur einmal:

$84 = 2 \cdot 2 \cdot 3 \cdot 7$

$105 = 3 \cdot 5 \cdot 7$

kgV (84; 105) = $2 \cdot 2 \cdot 3 \cdot 5 \cdot 7$

= 420

c) Dieses Produkt rechnet man aus. Es ist das kleinste gemeinsame Vielfache, in diesem Fall 420.

Der größte gemeinsame Teiler

Unter allen gemeinsamen Teilern von zwei Zahlen gibt es einen, der am größten ist. Man nennt ihn den **größten gemeinsamen Teiler** und kürzt ab: ggT.
Beim Aufschreiben gibt man in einer Klammer an, von welchen Zahlen man den ggT ausrechnet. Man schreibt so:

ggT (14; 35) = 7 ggT (12; 34) = 2

Der größte gemeinsame Teiler (ggT)

Anbauteile für Regalwände gibt es in verschiedenen Breiten: 40 cm, 50 cm, 60 cm, 70 cm, 80 cm. Was ist die größte Breite, die man wählen kann, wenn man zwei Wände gleich gestalten will, von denen die eine Wand 180 cm und die andere Wand 240 cm breit ist?

180 cm und 240 cm könnte man in 10-cm-Abschnitte, in 20-cm-Abschnitte oder in 30-cm-Abschnitte einteilen. Aber wie sähe so eine Regalwand aus! ☺
Mit Anbauteilen von 40 cm könnte man die 240-cm-Wand in sechs gleiche Abschnitte einteilen, aber an der 180-cm-Wand käme nach vier 40-cm-Abschnitten eine Lücke. In gleiche Abschnitte von 50 cm ist keine der beiden Wände zu teilen, ohne dass eine Lücke bleibt. Anbauteile von 60 cm? Jawohl! Dann hat die 180-cm-Wand eine dreifache Gliederung, und die 240-cm-Wand ist in vier Abschnitte aufgeteilt.

Den ggT berechnen

Manchmal ist eine der Zahlen besonders klein, oder sie hat erkennbar nur wenige Teiler. Dann sucht man die Teiler der kleinen Zahl und überprüft mit den Teilerregeln (vgl. Seite 23), welche dieser Teiler der größte ist, der auch die größere Zahl teilt:
ggT (6; 140)

Teiler von 6 sind 2, 3 und 6. Nach den Teilerregeln kann weder 6 noch 3 ein Teiler von 140 sein. Daher ist
ggT (6; 140) = 2

Sonst errechnet man den ggT mit der Primfaktorzerlegung, ähnlich wie beim kgV:

a) Man zerlegt beide Zahlen in Primfaktoren und schreibt sie so auf, dass sie in der Reihenfolge der Größe nacheinander erscheinen:

90 = 2 • 3 • 3 • 5
135 = 3 • 3 • 3 • 5

b) Man zieht einen Strich darunter und schreibt dann diejenigen Primfaktoren auf, die in beiden Reihen erscheinen!

90 = 2 • 3 • 3 • 5
135 = 3 • 3 • 3 • 5
ggT (90; 135) = 3 • 3 • 5
= 45

c) Dieses Produkt rechnet man aus. Es ist der größte gemeinsame Teiler, in diesem Fall 45.

Ein Ganzes teilen

Jeder hat schon mal etwas Ganzes geteilt, zum Beispiel:

eine ganze Pizza in drei Teile

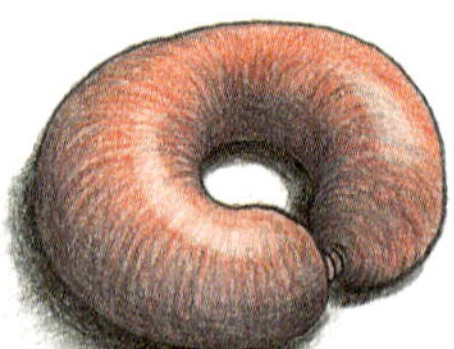

eine ganze Wurst in zwei Teile

einen ganzen Liter Wasser mit vier Schlucken austrinken?

eine ganze Tafel Schokolade besteht aus 24 Teilen

Dann entstehen Teile und ein Rest, der auch aus Teilen besteht:

$\frac{2}{3}$ Pizza

$\frac{1}{2}$ Wurst

$\frac{3}{4}$ Liter Luft

$\frac{23}{24}$ Schokolade

$\frac{1}{3}$ *Pizza*

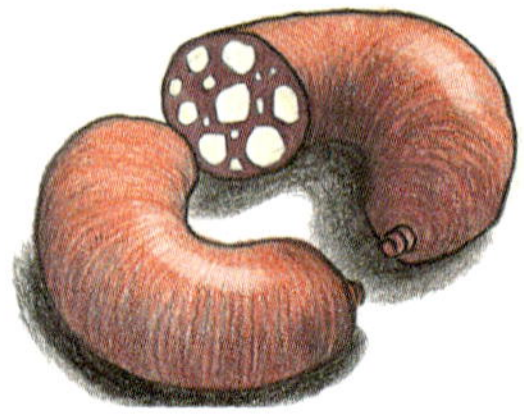

noch $\frac{1}{2}$ *Wurst*

$\frac{1}{4}$ *Liter Wasser*

$\frac{1}{24}$ *Schokolade*

Das Bruchrechnen – eine andere Darstellung der Division

Wenn ein Ganzes in mehrere Teile zerlegt wird, dann kann man das als Divisionsaufgabe darstellen. Meist schreibt man es so:

$1 : 3 = \frac{1}{3}$ $\quad$ $1 : 9 = \frac{1}{9}$ $\quad$ $1 : 27 = \frac{1}{27}$

Diese Schreibweise nennt man einen **Bruch**. Mit ihm benennt man die **Bruchteile** eines **Ganzen**.
Bei Brüchen stehen zwei Zahlen übereinander. Sie werden durch einen waagerechten Strich getrennt:

5	Zähler
—	Bruchstrich
8	Nenner

Der Strich heißt **Bruchstrich**. Er sagt, dass die obere Zahl durch die untere Zahl geteilt wird. Die untere Zahl heißt **Nenner**. Sie gibt an, in wie viele gleiche Teile ein Ganzes zerlegt wurde. Die obere Zahl heißt **Zähler**. Sie gibt an, wie oft der Bruchteil vorkommt.

Also:

$\frac{5}{8}$

Dies ist ein Bruch: Fünf Achtel. Der Nenner 8 gibt an, dass ein Ganzes in acht Teile zerlegt wurde. Der Zähler 5 gibt an, dass es fünf dieser Teile gibt.

Der Nenner kann nicht 0 sein !
Weil das Teilen durch 0 verboten ist, darf auch der Nenner eines Bruches niemals 0 sein.

Fachbegriffe der Seiten 30 und 31:

Bruch	=	Schreibweise von Teilen eines Ganzen
Bruchstrich	=	Rechenzeichen der Bruchrechnung
Nenner	=	Zahl unter dem Bruchstrich
Zähler	=	Zahl über dem Bruchstrich

Alles halb so schlimm!

Schön wäre es, wenn man an manchen Tagen nur **die Hälfte** arbeiten müsste, wenn man wenigstens **ein Viertel** mehr Lohn bekäme, wenn nicht dauernd **ein Drittel** der Kollegen fehlen würde und wenn man sich mehr leisten könnte als nur **ein Achtel** Los der Klassenlotterie!

Begriffe von Bruchteilen tauchen ständig auf: **die Hälfte, ein Viertel, ein Drittel, ein Achtel, ein Zehntel**. Selbst in der Überschrift hier ist von einem Bruchteil die Rede!

Trotzdem verdrehen viele Menschen entsetzt die Augen, wenn sie etwas vom **Bruchrechnen** hören – spätestens aber dann, wenn sie die Bruchzahlen sehen:

die Hälfte = $\frac{1}{2}$ ein Drittel = $\frac{1}{3}$ ein Viertel = $\frac{1}{4}$ ein Achtel = $\frac{1}{8}$ ein Zehntel = $\frac{1}{10}$

Dass das Bruchrechnen keine neue Rechenart ist, sondern nur eine andere Art zu teilen, zeigen diese Beispiele:

Wie lange war man wohl unterwegs?
Vielleicht sechs Stunden, drei davon im Stau.

die Hälfte von 6 Stunden =

$\frac{1}{2}$ von 6 Stunden = 6 Stunden : 2 = 3 Stunden

Drei Stunden im Stau – ganz schön lang.
Ob hier jemand übertrieben hat?

Wie viele Formel-I-Fans gibt es wohl?
Vielleicht 16 Millionen. Und wie viele davon sind Frauen?

ein Viertel von 16 Millionen =

$\frac{1}{4}$ von 16 Mio. = 16 Mio. : 4 = 4 Millionen

4 Millionen weibliche Fans! Das wird den Rennfahrern gefallen!

Wie viele Kollegen arbeiten in dem Betrieb?
Vielleicht 48 Kollegen. Was bedeutet es, wenn ein Drittel davon krank wird?

ein Drittel von 48 Kollegen =

$\frac{1}{3}$ von 48 Kollegen = 48 Kollegen : 3 = 16 Kollegen

Sechzehn Kollegen gleichzeitig krank? Das ist aber ziemlich unglaubwürdig ... !

Das Kommutativgesetz der Addition

Natürlich darf man auch bei der Addition von gleichnamigen Brüchen die Reihenfolge der Summanden vertauschen, um sich das Rechnen zu erleichtern:

$$\frac{33}{100} + \frac{29}{100} + \frac{17}{100} = \frac{33 + 17 + 29}{100} = \frac{50 + 29}{100} = \frac{79}{100}$$

Gleichnamige und ungleichnamige Brüche

Gleichnamige und ungleichnamige Brüche

Der Nenner ist so etwas wie der Name eines Bruches:

$\frac{1}{11}$ = ein Elftel $\quad \frac{1}{32}$ = ein Zweiunddreißigstel $\quad \frac{1}{100}$ = ein Hundertstel

Deshalb sagt man: Brüche, die den gleichen Nenner haben, sind **gleichnamige** Brüche. Brüche, die unterschiedliche Nenner haben, nennt man **ungleichnamige** Brüche.

$\frac{1}{14} \quad \frac{9}{14} \quad \frac{5}{14}$

gleichnamige Brüche

$\frac{2}{7} \quad \frac{1}{3} \quad \frac{4}{11}$

ungleichnamige Brüche

Welcher Bruch ist größer?

Bei **gleichnamigen** Brüchen ist der Bruch am größten, der den größten Zähler hat. Haben zwei **ungleichnamige** Brüche denselben Zähler, dann ist der Bruch größer, der den kleineren Nenner hat!

Addition und Subtraktion gleichnamiger Brüche

Man kann nur gleichnamige Brüche addieren und subtrahieren. Wie das geht, kann man sich beim Käseteilen klarmachen:

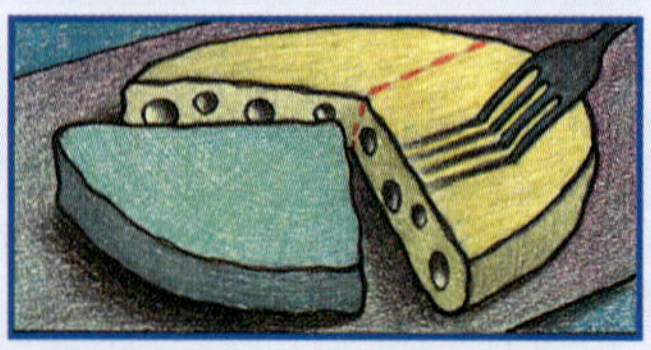

Wer ein Drittel Käse isst und dann noch ein Drittel, der hat Zweidrittel Käse gegessen.

$$\frac{1}{3} + \frac{1}{3} = \frac{2}{3}$$

Wer drei Fünftel Käse hat und zwei Fünftel verschenkt, der hat noch ein Fünftel Käse.

$$\frac{3}{5} - \frac{2}{5} = \frac{1}{5}$$

Die Regeln für die Strichrechnung bei **gleichnamigen** Brüchen heißen so:

Addition:
– Addiere die Zähler.
– Behalte den Nenner bei.

Subtraktion:
– Subtrahiere die Zähler.
– Behalte den Nenner bei.

Ungleichnamige Brüche muss man vor dem Addieren oder Subtrahieren **gleichnamig** machen. Wie das geht, steht auf Seite 35.

Der große Bruchstrich

Der Hauptfehler bei der Addition von gleichnamigen Brüchen besteht darin, dass man versehentlich auch die Nenner addiert.

$$\frac{2}{7} + \frac{3}{7} = \cancel{\frac{5}{14}}$$

Man schreibt deshalb oft in einem zweiten Rechenschritt einen großen Bruchstrich mit einem Nenner:

$$\frac{2}{7} + \frac{3}{7} = \frac{2 + 3}{7} = \frac{5}{7}$$

Wenn mehrere Summanden auftauchen, ist ein großer Bruchstrich mit einem Nenner, auf dem dann alle Zähler erscheinen, besonders günstig:

$$\frac{3}{19} + \frac{5}{19} + \frac{2}{19} + \frac{6}{19} = \frac{3 + 5 + 2 + 6}{19} = \frac{16}{19}$$

Fachbegriffe der Seiten 32 und 33:

gleichnamige Brüche	=	Brüche mit gleichen Nennern
ungleichnamige Brüche	=	Brüche mit verschiedenen Nennern
echte Brüche	=	Brüche, deren Wert kleiner ist als 1
unechte Brüche	=	Brüche, deren Wert eine ganze Zahl oder eine gemischte Zahl ist
gemischte Zahlen	=	ganze Zahlen mit Brüchen

Echte und unechte Brüche

Echte Brüche

Auch wenn sie noch so lecker ist: $\frac{4}{5}$ von einer Pizza sind eben keine ganze Pizza! Die Brüche, deren Wert kleiner als 1 ist, nennt man **echte Brüche**. Wenn der Zähler kleiner ist als der Nenner, handelt es sich immer um einen **echten** Bruch.

$$\frac{4}{5} \qquad \frac{3}{13} \qquad \frac{56}{73} \qquad \frac{99}{100}$$

unechter Bruch ...

echter Bruch ...

Unechte Brüche

Wer $\frac{5}{2}$ von einer Pizza aufgegessen hat, der hat eindeutig mehr als eine ganze Pizza gegessen:

Wenn der Zähler größer ist als der Nenner, dann nennt man das einen **unechten** Bruch. Man kann ihn in eine ganze Zahl und eine Bruchzahl umwandeln:

$$\frac{5}{2} = 2\frac{1}{2}$$

Wenn Zähler und Nenner gleich sind, ist der Wert des Bruches 1. Auch das nennt man einen **unechten Bruch**.

$$\frac{4}{4} = 1 \qquad \frac{36}{36} = 1 \qquad \frac{10175}{10175} = 1$$

Bei manchen unechten Brüchen ist der Zähler ein Vielfaches des Nenners. Hinter solchen Brüchen verstecken sich ganze Zahlen:

$$\frac{32}{8} = 4 \qquad \frac{55}{11} = 5 \qquad \frac{16}{2} = 8$$

Gemischte Zahlen

Häufig findet man ganze Zahlen und Brüche zusammen. Man nennt das **gemischte Zahlen**.

$$2\frac{1}{4} \qquad 9\frac{2}{3} \qquad 10\frac{1}{2}$$

Gemischte Zahlen kann man in **unechte** Brüche umwandeln:

$$2\frac{1}{4} = \frac{8}{4} + \frac{1}{4} = \frac{8+1}{4} = \frac{9}{4}$$

$$9\frac{2}{3} = \frac{27}{3} + \frac{2}{3} = \frac{27+2}{3} = \frac{29}{3}$$

$$10\frac{1}{2} = \frac{20}{2} + \frac{1}{2} = \frac{20+1}{2} = \frac{21}{2}$$

Immer überprüfen: Ist das Ergebnis ein unechter Bruch?

Wenn zum Beispiel bei einer Addition im Ergebnis ein **unechter Bruch steht**, sollte man ihn in eine ganze Zahl bzw. in eine **gemischte Zahl** umwandeln:

$$\frac{4}{9} + \frac{2}{9} + \frac{7}{9} = \frac{4+2+7}{9} = \frac{13}{9} = 1\frac{4}{9}$$

$$\frac{3}{7} + \frac{6}{7} + \frac{5}{7} = \frac{3+6+5}{7} = \frac{14}{7} = 2$$

Erweitern und Kürzen von Brüchen

Melone, ziemlich klein geschnitten ...

$\frac{1}{2}$ Melone ist dasselbe wie $\frac{2}{4}$ Melone oder $\frac{4}{8}$ Melone oder $\frac{8}{16}$ Melone und so weiter ...

Derselbe Wert kann viele Namen haben!

Beim Melone-Zerteilen sieht man: Ein Bruchteil ändert sich nicht, wenn man Zähler und Nenner mit derselben Zahl multipliziert.

$$\frac{1}{2} = \frac{1 \cdot 2}{2 \cdot 2} = \frac{2}{4}$$

$$\frac{1}{2} = \frac{1 \cdot 4}{2 \cdot 4} = \frac{4}{8}$$

$$\frac{1}{2} = \frac{1 \cdot 8}{2 \cdot 8} = \frac{8}{16}$$

$$\frac{1}{2} = \frac{1 \cdot 750}{2 \cdot 750} = \frac{750}{1500}$$

Das Multiplizieren von Zähler und Nenner eines Bruchs mit derselben Zahl nennt man **Erweitern**. Man sagt: Der Bruch wird mit einer Zahl **erweitert**.

$$\frac{5}{7} = \frac{5 \cdot 7}{7 \cdot 7} = \frac{35}{49}$$

Dieser Bruch wurde mit 7 **erweitert**.

$$\frac{2}{5} = \frac{2 \cdot 12}{5 \cdot 12} = \frac{24}{60}$$

Dieser Bruch wurde mit 12 **erweitert**.

$$\frac{7}{9} = \frac{7 \cdot 19}{9 \cdot 19} = \frac{133}{171}$$

Dieser Bruch wurde mit 19 **erweitert**.

Die Division ist die **Umkehrung der Multiplikation**. Wenn man also Brüche erweitern darf, indem man Zähler und Nenner mit derselben Zahl multipliziert, dann darf man Brüche auch umgekehrt durch dieselbe Zahl teilen.

Schließlich sagt ja niemand: „Gib mir $\frac{8}{16}$ von der Melone!", wenn er die Hälfte haben will.

$$\frac{8}{16} = \frac{8:2}{16:2} = \frac{4}{8}$$

$$\frac{8}{16} = \frac{8:4}{16:4} = \frac{2}{4}$$

$$\frac{8}{16} = \frac{8:8}{16:8} = \frac{1}{2}$$

Das Dividieren von Zähler und Nenner durch dieselbe Zahl nennt man **Kürzen**. Man sagt: Der Bruch wird durch eine Zahl **gekürzt**.

$$\frac{25}{30} = \frac{25:5}{30:5} = \frac{5}{6}$$

Dieser Bruch wurde durch 5 **gekürzt**.

$$\frac{24}{64} = \frac{24:8}{64:8} = \frac{3}{8}$$

Dieser Bruch wurde durch 8 **gekürzt**.

$$\frac{91}{169} = \frac{91:13}{169:13} = \frac{7}{13}$$

Dieser Bruch wurde durch 13 **gekürzt**.

Fachbegriffe der Seiten 34 und 35:

Erweitern = bei einem Bruch Zähler und Nenner mit derselben Zahl multiplizieren
Kürzen = bei einem Bruch Zähler und Nenner durch dieselbe Zahl dividieren
Hauptnenner = der Nenner, der das kgV (kleinste gemeinsame Vielfache) zweier oder mehrerer Brüche ist.

Erweitern zum Hauptnenner

Was ist mehr, was ist weniger?

Brüche **erweitern** muss man, wenn man zwei ungleichnamige Brüche miteinander vergleichen will. Was ist denn wohl mehr: $\frac{3}{5}$ von einer Pizza oder $\frac{2}{3}$ von einer Pizza? Da kann man auch beim genaueren Hinsehen nicht sofort entscheiden, welcher Bruchteil größer und welcher kleiner ist.

Denselben Namen für beide finden

Um ungleichnamige Brüche miteinander vergleichen zu können, muss man sie gleichnamig machen.
Das geht in folgenden Schritten:

a) Man sucht zuerst den Nenner, der das kgV (kleinste gemeinsame Vielfache, vgl. Seite 28) von beiden Nennern ist. Diesen Nenner bezeichnet man als **Hauptnenner**. Für beide Brüche

$\frac{3}{5}$ und $\frac{2}{3}$

ist der **Hauptnenner** das kgV (3;5) = 15.

b) Wenn man den **Hauptnenner** gefunden hat, **erweitert** man beide Brüche so, dass beide im **Hauptnenner** stehen. Dazu überlegt man:
Mit welcher Zahl muss ich jeweils Zähler und Nenner multiplizieren, damit im Nenner die 15 als **Hauptnenner** steht?

$$\frac{3}{5} = \frac{3 \cdot 3}{5 \cdot 3} = \frac{9}{15}$$

$$\frac{2}{3} = \frac{2 \cdot 5}{3 \cdot 5} = \frac{10}{15}$$

c) Danach kann man sehen:

$\frac{9}{15}$ ist kleiner als $\frac{10}{15}$,

also ist $\frac{3}{5}$ kleiner als $\frac{2}{3}$.

Man schreibt das mit dem mathematischen Zeichen für **größer als – kleiner als** so:

$$\frac{9}{15} < \frac{10}{15}$$

$$\frac{3}{5} < \frac{2}{3}$$

größer als – kleiner als
Beim Vergleichen von Zahlenwerten wird häufig ein mathematisches Zeichen verwendet, das angibt, welche Zahl größer als die andere ist.

$>$

Die Spitze dieses Zeichens zeigt auf die kleinere Zahl. Man schreibt also:

14 > 9 oder **152 < 1.048** oder

$\frac{2}{3} > \frac{3}{5}$

und liest:
14 ist größer als 9.
152 ist kleiner als 1.048.
Zwei Drittel sind größer als drei Fünftel.

Addition und Subtraktion ungleichnamiger Brüche

Vor dem Addieren und Subtrahieren ungleichnamiger Brüche muss man den Hauptnenner suchen und finden!

Ungleichnamige Brüche können nur addiert oder subtrahiert werden, wenn man sie vorher gleichnamig macht, indem man das kgV der Nenner als Hauptnenner sucht und die Brüche erweitert. Das ist manchmal ganz leicht und manchmal etwas mühsamer.

Wenn einer der Nenner ein Vielfaches des anderen Nenners ist, braucht man nur einen Bruch zu erweitern, weil der andere Bruch bereits den Hauptnenner hat.

Addition

$\frac{2}{3}+\frac{7}{9} \longrightarrow$ kgV (3; 9) = 9

$$\frac{2}{3}+\frac{7}{9}=\frac{2\cdot 3}{3\cdot 3}+\frac{7}{9}=\frac{6}{9}+\frac{7}{9}$$

$$=\frac{6+7}{9}=\frac{13}{9}=1\frac{4}{9}$$

Subtraktion

$\frac{3}{4}-\frac{11}{16} \longrightarrow$ kgV (4; 16) = 16

$$\frac{3}{4}-\frac{11}{16}=\frac{3\cdot 4}{4\cdot 4}-\frac{11}{16}=\frac{12}{16}-\frac{11}{16}$$

$$=\frac{12-11}{16}=\frac{1}{16}$$

Wenn beide Nenner aus Primzahlen bestehen, dann ist das kgV der Nenner ihr Produkt. Zur Bestimmung des Hauptnenners braucht man also nur die Nenner zu multiplizieren.

Addition

$\frac{2}{3}+\frac{6}{11} \longrightarrow$ kgV (3; 11) = 33

$$\frac{2}{3}+\frac{6}{11}=\frac{2\cdot 11}{3\cdot 11}+\frac{6\cdot 3}{11\cdot 3}$$

$$=\frac{22}{33}+\frac{18}{33}=\frac{22+18}{33}=\frac{40}{33}=1\frac{7}{33}$$

Subtraktion

$\frac{4}{5}-\frac{2}{7} \longrightarrow$ kgV (5; 7) = 35

$$\frac{4}{5}-\frac{2}{7}=\frac{4\cdot 7}{5\cdot 7}-\frac{2\cdot 5}{7\cdot 5}=\frac{28}{35}-\frac{10}{35}$$

$$=\frac{28-10}{35}=\frac{18}{35}$$

In allen anderen Fällen führt kein Weg daran vorbei, das kgV für den Hauptnenner durch die Primfaktorzerlegung zu finden (vgl. Seite 27). Solche Nebenrechnungen schreibt man sich unter der Aufgabe auf.

Addition

$\frac{1}{18}+\frac{5}{27} \longrightarrow$ kgV (18; 27) = 54

Nebenrechnung

18 = 2 • 3 • 3
27 = 3 • 3 • 3
kgV (18; 27) = 2 • 3 • 3 • 3 = 54

$$\frac{1}{18}+\frac{5}{27}=\frac{1\cdot 3}{18\cdot 3}+\frac{5\cdot 2}{27\cdot 2}$$

$$=\frac{3}{54}+\frac{10}{54}=\frac{3+10}{54}=\frac{13}{54}$$

Subtraktion

$\frac{13}{14}-\frac{5}{12} \longrightarrow$ kgV (14; 12) = 84

Nebenrechnung

14 = 2 • 7
12 = 2 • 2 • 3
kgV (14; 12) = 2 • 2 • 3 • 7 = 84

$$\frac{13}{14}-\frac{5}{12}=\frac{13\cdot 6}{14\cdot 6}-\frac{5\cdot 7}{12\cdot 7}$$

$$=\frac{78}{84}-\frac{35}{84}=\frac{78-35}{84}=\frac{43}{84}$$

Multiplikation und Division mit ganzen Zahlen

Guten Appetit und zugegriffen! Es zählt ja doch keiner nach!

Die Kuchen für die Geburtstagsfeier sind jeweils in zwölf Stücke zerteilt, und die Gäste haben guten Appetit mitgebracht: Die meisten essen 2 Stücke, manche schaffen 3 Stücke. Und einer verdrückt sogar 4 Stücke Kuchen.

Wie viel vom Kuchen jeder geschafft hat, kann man als Additon ausrechnen:

$\frac{1}{12}+\frac{1}{12}=\frac{2}{12}$

$\frac{1}{12}+\frac{1}{12}+\frac{1}{12}=\frac{3}{12}$

$\frac{1}{12}+\frac{1}{12}+\frac{1}{12}+\frac{1}{12}=\frac{4}{12}$

Man kann es aber auch als Produkt schreiben.

Die Regel für die Multiplikation eines Bruchs mit einer ganzen Zahl lautet:
Multipliziere den Zähler des Bruchs mit der ganzen Zahl. Behalte den Nenner bei.

$2 \cdot \frac{1}{12} = \frac{2 \cdot 1}{12} = \frac{2}{12}$

$3 \cdot \frac{1}{12} = \frac{3 \cdot 1}{12} = \frac{3}{12}$

$4 \cdot \frac{1}{12} = \frac{4 \cdot 1}{12} = \frac{4}{12}$

Die Ergebnisse kann man kürzen! Dann sieht man viel deutlicher, wie viel jeder gegessen hat:

$\frac{2}{12} = \frac{2:2}{12:2} = \frac{1}{6}$

Ein Sechstel vom Kuchen!

$\frac{3}{12} = \frac{3:3}{12:3} = \frac{1}{4}$

Ein Viertel vom Kuchen!

$\frac{4}{12} = \frac{4:4}{12:4} = \frac{1}{3}$

Ein Drittel vom Kuchen!

Wer nicht kommt zur rechten Zeit ...

Zwei Gäste kommen noch verspätet zur Geburtstagsfeier, als nur noch ein Stück Kuchen da ist. Da müssen sie sich den Rest teilen!

Die Regel für die Division eines Bruchs durch eine ganze Zahl lautet:
Multipliziere den Nenner des Bruchs mit der ganzen Zahl. Behalte den Zähler bei.

$\frac{1}{12} : 2 = \frac{1}{12 \cdot 2} = \frac{1}{24}$

Da bleibt für jeden nur $\frac{1}{24}$ Stück vom Kuchen.
Es ist klar, dass die beiden von diesem kleinen Stück Kuchen noch nicht satt sind!

Da teilen sie sich auch noch ein Drittel Pizza, das vom Mittag übrig war:

$\frac{1}{3} : 2 = \frac{1}{3 \cdot 2} = \frac{1}{6}$

Ein Sechstel Pizza macht auch nicht satt ... !
Bloß gut, dass noch ein Dreiviertel Liter Cola übrig ist! Den können die beiden sich auch teilen, dann ist die gute Laune gerettet:

$\frac{3}{4} : 2 = \frac{3}{4 \cdot 2} = \frac{3}{8}$

Multiplikation von Brüchen

Bruchteile halbieren

Ob Pizza oder Kuchen, jeder weiß:

Die Hälfte einer Hälfte ist ein Viertel, also:

$$\frac{1}{2}\cdot\frac{1}{2}=\frac{1\cdot 1}{2\cdot 2}=\frac{1}{4}$$

Die Hälfte eines Viertels ist ein Achtel, denn:

$$\frac{1}{2}\cdot\frac{1}{4}=\frac{1\cdot 1}{2\cdot 4}=\frac{1}{8}$$

Und die Hälfte von Dreiviertel? Das sieht man auch, oder man kann es ausrechnen:

$$\frac{1}{2}\cdot\frac{3}{4}=\frac{1\cdot 3}{2\cdot 4}=\frac{3}{8}$$

Die Regel für die Multiplikation zweier Brüche lautet:
Multipliziere Zähler und Zähler und Nenner und Nenner.
So wie bei diesen Aufgaben:

$$\frac{2}{3}\cdot\frac{5}{7}=\frac{2\cdot 5}{3\cdot 7}=\frac{10}{21}$$

$$\frac{3}{13}\cdot\frac{4}{5}=\frac{3\cdot 4}{13\cdot 5}=\frac{12}{65}$$

$$\frac{5}{11}\cdot\frac{3}{8}=\frac{5\cdot 3}{11\cdot 8}=\frac{15}{88}$$

$$\frac{11}{19}\cdot\frac{5}{7}=\frac{11\cdot 5}{19\cdot 7}=\frac{55}{133}$$

Wichtig: So früh wie möglich kürzen!

Bei der Multiplikation zweier Brüche ergibt sich ganz oft die Möglichkeit, im Zähler und im Nenner durch dieselbe Zahl zu teilen. Wenn man das so früh wie möglich tut, erspart man sich umständliche Rechenaufgaben mit großen Zahlen. Man geht so vor:

	Man schreibt die Aufgabe auf einen großen Bruchstrich	Man sucht zwei Zahlen mit gleichem Teiler, streicht sie durch und schreibt das Divisionsergebnis darüber.	Wenn es möglich ist, wiederholt man diesen Schritt mit den weiteren Zahlen (auch mehrfach!).	Man rechnet das Ergebnis aus.
$\frac{4}{9}\cdot\frac{3}{8}=$	$\frac{4\cdot 3}{9\cdot 8}=$	$\frac{4\cdot\overset{1}{\cancel{3}}}{\underset{3}{\cancel{9}}\cdot 8}=$	$\frac{\overset{1}{\cancel{4}}\cdot 1}{3\cdot\underset{2}{\cancel{8}}}=$	$\frac{1\cdot 1}{3\cdot 2}=\frac{1}{6}$
$\frac{14}{17}\cdot\frac{34}{35}=$	$\frac{14\cdot 34}{17\cdot 35}=$	$\frac{\overset{2}{\cancel{14}}\cdot 34}{17\cdot\underset{5}{\cancel{35}}}=$	$\frac{2\cdot\overset{2}{\cancel{34}}}{\underset{1}{\cancel{17}}\cdot 5}=$	$\frac{2\cdot 2}{1\cdot 5}=\frac{4}{5}$
$\frac{16}{55}\cdot\frac{22}{36}=$	$\frac{16\cdot 22}{55\cdot 36}=$	$\frac{16\cdot\overset{2}{\cancel{22}}}{\underset{5}{\cancel{55}}\cdot 36}=$	$\frac{\overset{4}{\cancel{16}}\cdot 2}{5\cdot\underset{9}{\cancel{36}}}=$	$\frac{4\cdot 2}{5\cdot 9}=\frac{8}{45}$
$\frac{2}{3}\cdot\frac{5}{8}\cdot\frac{9}{13}=$	$\frac{2\cdot 5\cdot 9}{3\cdot 8\cdot 13}=$	$\frac{2\cdot 5\cdot\overset{3}{\cancel{9}}}{\underset{1}{\cancel{3}}\cdot 8\cdot 13}=$	$\frac{\overset{1}{\cancel{2}}\cdot 5\cdot 3}{1\cdot\underset{4}{\cancel{8}}\cdot 13}=$	$\frac{1\cdot 5\cdot 3}{1\cdot 4\cdot 13}=\frac{15}{52}$

Division von Brüchen

Mal etwas Einfaches!

Wie schön! Beim Dividieren von Brüchen braucht man auch nur zu multiplizieren! Dazu muss man allerdings den Divisor-Bruch auf den Kopf stellen: Man muss seinen **Kehrwert** bilden.

Die Regel für das Dividieren von Brüchen heißt:
Verwandle den zweiten Bruch in seinen Kehrwert.
Multipliziere dann Zähler mit Zähler und Nenner mit Nenner.

Der Kehrwert
Wenn man einen Bruch „auf den Kopf stellt", indem man Zähler und Nenner vertauscht, nennt man das den Kehrwert.
Bruch: $\frac{3}{8}$ Kehrwert: $\frac{8}{3}$
Beim Teilen von Bruch durch Bruch muss man immer den Kehrwert bilden.

1. Beispiel

Der Kellner hat eine $\frac{3}{4}$ Liter-Flasche. Wie viele $\frac{1}{4}$ -Liter-Karaffen kann er davon abfüllen?

$$\frac{3}{4} : \frac{1}{4} = \frac{3}{4} \cdot \frac{4}{1} = \frac{3 \cdot \overset{1}{\cancel{4}}}{\underset{1}{\cancel{4}} \cdot 1} = \frac{3 \cdot 1}{1 \cdot 1} = \frac{3}{1} = 3$$

2. Beispiel

Der Kellner hat eine $1\frac{1}{2}$ -Liter-Flasche. Wie viele $\frac{1}{4}$ -Liter-Karaffen kann er davon abfüllen?
Man muss die gemischte Zahl erst in einen unechten Bruch verwandeln:

$$1\frac{1}{2} : \frac{1}{4} = \frac{3}{2} : \frac{1}{4} = \frac{3}{2} \cdot \frac{4}{1} = \frac{3 \cdot \overset{2}{\cancel{4}}}{\underset{1}{\cancel{2}} \cdot 1} = \frac{3 \cdot 2}{1 \cdot 1} = \frac{6}{1} = 6$$

Das Kürzen nicht vergessen!

Auch beim Teilen von zwei Brüchen sollte man so früh wie möglich kürzen, damit man nicht überflüssigerweise mit sehr großen Zahlen rechnen muss.
Wie sehr man sich damit das Rechnen erleichtern kann, zeigt der folgende Vergleich:

$$\frac{27}{64} : \frac{9}{24} = \frac{27}{64} \cdot \frac{24}{9} = \frac{27 \cdot 24}{64 \cdot 9} = \frac{648}{576} = ???$$

$$\frac{27}{64} : \frac{9}{24} = \frac{27}{64} \cdot \frac{24}{9} = \frac{27 \cdot 24}{64 \cdot 9} = \frac{\overset{3}{\cancel{27}} \cdot 24}{64 \cdot \underset{1}{\cancel{9}}} = \frac{3 \cdot \overset{3}{\cancel{24}}}{\underset{8}{\cancel{64}} \cdot 1} = \frac{3 \cdot 3}{8} = \frac{9}{8} = 1\frac{1}{8}$$

Unechte Brüche umwandeln!
Beim Dividieren von Brüchen durch Brüche entstehen im Ergebnis sehr oft unechte Brüche, die man wieder in gemischte Zahlen umwandeln sollte:

$\frac{27}{4} = 6\frac{3}{4}$ $\frac{49}{5} = 9\frac{4}{5}$

$\frac{143}{13} = 11$ $\frac{69}{8} = 8\frac{5}{8}$

Häufige Brüche in Kommaschreibweise:

		$\frac{1}{10}$	= 0,1
$\frac{1}{2}$	= 0,5	$\frac{1}{8}$	= 0,125
$\frac{1}{4}$	= 0,25	$\frac{3}{8}$	= 0,375
$\frac{3}{4}$	= 0,75	$\frac{1}{100}$	= 0,01

Dezimalbrüche

Bei Fleisch und Wurst versteht man die Angabe in Bruchteilen – beim Geld ist sie ziemlich ungewöhnlich.

Eine einheitliche Schreibweise für Brüche

Erweitern, Kürzen, Gleichnamigmachen, unechte Brüche in echte Brüche umwandeln – all das macht die Bruchrechnung mit immer wechselnden Nennern etwas umständlich. Deshalb haben sich die meisten Bruchbezeichnungen im Alltag dort erhalten, wo es um das Einkaufen nicht verpackter Ware geht, wie im obigen Foto. Die Verkäuferinnen wissen automatisch, wie viel Gramm ein Achtel, ein Viertel, ein Halbes, ein Dreiviertel usw. vom Pfund oder vom Kilo sind. Und meist darf es ja sowieso ein bisschen mehr sein! Gibt es denn sonst keine Anwendung der Bruchrechnung mehr? Doch, ganz sicher – aber die Brüche tauchen meist in einer Art und Weise auf, bei der man nicht sofort merkt, dass es sich hier um Brüche handelt.

Zahlen hinter dem Komma

Wer vermutet schon, dass er bei der Aufgabe

12,10 € + 3,45 € = 15,55 €

auch Brüche addiert hat?

Wer weiß, dass er bei der Rechnung

0,14 € • 4 = 0,56 €

einen Bruch multipliziert hat?

Oder wer denkt daran, dass er bei der Rechnung

24,50 € : 5 = 4,90 €

einen Bruch geteilt hat?

Kaum jemand, und das ist gut so, denn sonst hätten manche Menschen sicher vor dem Rechnen mit Kommazahlen genauso große Angst wie vor dem Rechnen mit Bruchzahlen.

Die Zahlen hinter dem Komma sind jedoch Brüche, die jeweils die Nenner 10, 100, 1.000 usw. haben.

$$25{,}75\,€ = 25\,€ + \frac{7}{10}\,€ + \frac{5}{100}\,€$$

$$\frac{1}{8}\,\text{kg} = 0{,}125\,\text{kg} = \frac{1}{10}\,\text{kg} + \frac{2}{100}\,\text{kg} + \frac{5}{1000}\,\text{kg}$$

Dezimalbrüche – eine echte Erleichterung!

Bei Dezimalbrüchen kann man sofort vergleichen, welcher von zwei Brüchen größer ist:

0,245 > 0,243 1,39 < 1,57

Außerdem lassen sich Dezimalbrüche ohne viel Schwierigkeiten addieren, subtrahieren, multiplizieren und dividieren. Darüber steht mehr auf den beiden folgenden Seiten.

Brüche im Stellenwertsystem

Brüche, die den Nenner 10, 100, 1.000, 10.000, 100.000, 1.000.000 usw. haben, nennt man **Dezimalbrüche**. Man schreibt sie in vereinfachter Schreibweise als Stellen hinter dem Komma mit einer ganzen Zahl. Deshalb nennt man sie meist auch Kommazahlen. Gibt es keine ganze Zahl, dann steht vor dem Komma eine Null.
Bei der Dezimalschreibweise verkleinert jede Stelle nach rechts hinter dem Komma den Wert der Ziffer um den Faktor $\frac{1}{10}$.
Das verdeutlicht die Stellenwerttafel, in die diese Zahlen eingetragen wurden:

72,358 4,1 0,7155 1,00009 356,275 3,141592

Hunderter	Zehner	Einer	Komma	Zehntel	Hundertstel	Tausendstel	Zehntausendstel	Hunderttausendstel	
	7	2	,	3	5	8			
		4	,	1					
		0	,	7	1	5	5		
		1	,	0	0	0	0	9	
3	5	6	,	2	7	5			
		3	,	1	4	1	5	9	2

Die Stellen hinter dem Komma werden grundsätzlich als einzelne Ziffern ausgesprochen!

Man sagt also:

72,358 = zweiundsiebzig Komma drei fünf acht
4,1 = vier Komma eins
0,7155 = null Komma sieben eins fünf fünf
1,00009 = eins Komma null null null null neun
356,275 = dreihundertsechsundfünfzig Komma zwei sieben fünf
3,141592 = drei Komma eins vier eins fünf neun zwei

Auf dem Taschenrechner wird das Komma als Punkt abgebildet!

Das ist etwas verwirrend: Auf dem Taschenrechner erscheint der Punkt nicht als Gliederungszeichen für besonders lange Zahlen, sondern er steht für das Komma.

Addition, Subtraktion, Multiplikation von Dezimalbrüchen

Schriftliche Addition und Subtraktion von Kommazahlen

Ein Kassenzettel oder eine Anzeige auf dem Kassendisplay, wie man es schon sehr oft beim Einkauf gesehen hat, ist eine typische Addition von ganzen Zahlen mit Dezimalbrüchen.
Vor dem Komma stehen die ganzen Zahlen (Euro), hinter dem Komma die Zehntel und Hundertstel (Cent).
Da möchte man sicher nicht, dass zehn Cents als ein Euro berechnet werden!
Die Kasse macht das automatisch richtig.

17,79 + 8,38

```
  1 7,7 9
+   8,3 8
    1 1 1
---------
  2 6,1 7
```

43,62 – 28,16

```
  4 3,6 2
- 2 8,1 6
    1   1
---------
  1 5,4 6
```

Beim schriftlichen Addieren und Subtrahieren muss man selbst darauf achten, dass alle Stellen richtig untereinander stehen. Das ist immer dann der Fall, wenn man **Komma unter Komma** schreibt und an dieser Stelle auch im Ergebnis ein Komma einträgt. Ganz sicher geht man, wenn man Papier mit Rechenkaros benutzt.
Wenn die Zahlen, die man addieren oder subtrahieren will, unterschiedlich viele Stellen hinter dem Komma haben, dann ist es günstig, wenn man bei allen Zahlen gleich viele Stellen aufschreibt, indem man Nullen ergänzt.

3,4 + 2,785 + 0,42 + 8,1257

```
     3,4 0 0 0
+    2,7 8 5 0
+    0,4 2 0 0
+    8,1 2 5 7
     1 1 1
--------------
   1 4,7 3 0 7
```

Schriftliche Multiplikation von Kommazahlen

Die schriftliche Multiplikation von Kommazahlen führt man genauso durch, als ob kein Komma dort stehen würde (vgl. Seite 16f).
Dann zählt man aus, wie viele Stellen in der Aufgabe hinter dem Komma stehen – und zwar bei beiden Faktoren zusammen!
So viele Stellen teilt man auch im Ergebnis mit einem Komma ab.

```
1 8,7 9 1 • 1 5
---------------
    1 8 7 9 1
      9 3 9 5 5
    1 1 1
---------------
    2 8 1,8 6 5
```

Bei dieser Aufgabe stehen bei einem Faktor drei Stellen hinter dem Komma, beim anderen Faktor keine. Im Ergebnis werden drei Stellen mit Komma abgetrennt.

```
2 3,1 0 5 • 6,2 3
-----------------
1 3 8 6 3 0
    4 6 2 1 0
      6 9 3 1 5
  1 1 1
-----------------
1 4 3,9 4 4 1 5
```

Bei dieser Aufgabe stehen bei einem Faktor drei Stellen hinter dem Komma, beim anderen Faktor zwei Stellen, also insgesamt fünf Stellen. Im Ergebnis werden deshalb fünf Stellen mit Komma abgetrennt.

Division von Dezimalbrüchen

Umwandeln von Brüchen in Dezimalbrüche

Jeder Bruch kann in einen Dezimalbruch umgewandelt werden. Man muss einfach den Zähler durch den Nenner teilen – entweder mit dem Taschenrechner oder durch schriftliche Division (vgl. Seite 20).
Wenn die ganze Zahl im Dividenden nicht zu teilen ist, setzt man eine Null ins Ergebnis und danach ein Komma. Dann ergänzt man beim Dividenden eine Null und teilt wie gewohnt. Das wiederholt man gegebenenfalls mehrfach.

$\frac{3}{5}$ = 3 : 5 = 0,6

```
3 0
3 0
---
  0
```

$\frac{7}{8}$ = 7 : 8 = 0,8 7 5

```
7 0
6 4
---
  6 0
  5 6
  ---
    4 0
    4 0
    ---
      0
```

$\frac{9}{4}$ = 9 : 4 = 2,2 5

```
8
---
1 0
  8
---
  2 0
  2 0
  ---
    0
```

Brüche mit mehrstelligen Nennern wandelt man am besten mit dem Taschenrechner um.

Eine unendliche Zahlenreihe – die Periode

Manche Brüche ergeben beim Umrechnen in Dezimalbrüche eine Zahl oder eine Zahlenreihe, die sich unendlich wiederholt. Das nennt man eine **Periode**.
Man macht dann über die Zahl oder die Zahlenreihe, die sich wiederholt, einen Strich.

$\frac{1}{3}$ = 1 : 3 = 0,3 3 ...

```
1 0
  9
---
  1 0
    9
  ---
    1 0  usw.
```

$\frac{4}{9}$ = 4 : 9 = 0,4 4 ...

```
4 0
3 6
---
  4 0
  3 6
  ---
    4 0  usw.
```

$\frac{5}{6}$ = 5 : 6 = 0,8 3 3 ...

```
5 0
4 8
---
  2 0
  1 8
  ---
    2 0
    1 8
    ---
      2 0  usw.
```

Man schreibt so: $0,\overline{3}$
und sagt:
Null Komma Periode drei

Man schreibt so: $0,\overline{4}$
und sagt:
Null Komma Periode vier

Man schreibt so: $0,8\overline{3}$
und sagt:
Null Komma acht Periode drei

Teilen von Dezimalbrüchen

Beim schriftlichen Teilen von Dezimalbrüchen durch eine einstellige Zahl wird ein Komma ins Ergebnis gesetzt, sobald das Komma im Dividenden überschritten wird.

7,3 8 : 6 = 1,2 3

```
6
---
1 3
1 2
---
  1 8
  1 8
  ---
    0
```

Bei mehrstelligen Divisoren rechnet man am besten mit dem Taschenrechner.

11,07 : 123 = 0.09

MASSSYSTEME

Euro und Cent

Das häufigste Maßsystem im Alltag: Euro und Cent

Nur wenige Menschen rechnen aus reiner Freude an Zahlen, sondern um etwas auszurechnen, was im Alltag wichtig ist, egal ob in der Freizeit oder im Beruf. Dabei geht es meist um ganz konkrete Dinge.
In Fachbüchern erscheinen Zahlen allerdings immer wieder als „reine Zahlen“, ohne dass angegeben wird, was da eigentlich addiert, subtrahiert, multipliziert oder dividiert wird. Im „richtigen“ Leben kommen Zahlen aber immer mit Maßangaben vor.
Euro und Cent sind die Maße für Kosten und Preise. Ganz oft rechnet man mit Geld: Man will zum Beispiel wissen, wie viel etwas kostet, wie viel man für etwas ausgeben muss und wie viel man sparen kann. Deshalb ist der rechnerische Umgang mit Euro und Cent schon für die meisten Kinder selbstverständlich. Jeder weiß, dass der Betrag vor dem Komma die Euro angibt und die Zahlen nach dem Komma die Cents sind.

12,45 € = 12 Euro 45 Cents
100 Cents = 1 Euro. Deshalb kann man Cents in Euro umwandeln, indem man zwei Stellen mit dem Komma abteilt:

347 Ct = 3,47 €

12498 Ct = 124,98 €

Andere häufige Maßsysteme

Außer den Überlegungen darüber, wie viel etwas kostet, gibt es aber auch andere Anlässe zum Rechnen:
Man will manchmal wissen, wie lang etwas ist, wie hoch oder wie breit. Man möchte ausrechnen, wie groß eine Fläche ist. Man muss berechnen können, wie viel Flüssigkeit in ein Gefäß geht. Man möchte wissen, wie schwer etwas ist. Und ganz oft fragt man sich, wie lange etwas dauert!

Daraus ergeben sich die anderen häufigsten Maßsysteme, die man im Alltag und im Beruf benötigt und kennen sollte:

- die Längenmaße
- die Flächenmaße
- die Raummaße
- die Gewichtsmaße
- und die Zeitmaße

Einprägen, nachschlagen, nachfragen!
Es ist besonders wichtig, sich bei allen diesen Maßen die verschiedenen möglichen Einheiten und ihr Verhältnis zueinander einzuprägen!
Es ist vielleicht beruhigend zu wissen: Die meisten Menschen kennen sich selbst bei den häufigsten Maßsystemen nur in den Bereichen aus, mit denen sie beruflich oder privat viel zu tun haben. Sie helfen sich bei Wissenslücken, indem sie einfach in einem Buch nachschlagen oder jemanden fragen.
Wer also immer wieder einmal auf den folgenden Seiten nachschauen muss, in welchem Verhältnis die verschiedenen Maßeinheiten zueinander stehen, kann das sichere Gefühl haben: Den meisten Menschen geht es nicht anders!

Längenmaße

Der Meter – weltweit benutztes Längenmaß

Die Grundlage für die Längenmessung ist der **Meter** (m). Für die Messung kleinerer Strecken wählt man die kleineren Maßeinheiten **Dezimeter** (dm), **Zentimeter** (cm) oder **Millimeter** (mm). Größere Strecken drückt man in **Kilometern** (km) aus. Jede Einheit (außer dem Millimeter) kann durch ein Vielfaches der kleineren Einheit ausgedrückt werden:

1 mm
1 cm = 10 mm
1 dm = 10 cm = 100 mm
1 m = 10 dm = 100 cm = 1.000 mm
1 km = 1.000 m = 10.000 dm = 100.000 cm = 1.000.000 mm

Jede Einheit ist dabei um den Faktor 10 größer oder kleiner als die vorhergehende oder die folgende Einheit, außer dem Kilometer, der das 1.000fache eines Meters ist.
Um eine **kleinere Einheit in die nächstgrößere Einheit** umzuwandeln, trennt man **eine Stelle** durch ein Komma ab, oder man verschiebt das Komma um **eine Stelle** nach links:

124 dm = 12,4 m **17,3 dm = 1,73 m** **187 mm = 18,7 cm**

Um **Meter in Kilometer** umzuwandeln, muss das Komma jedoch um **drei Stellen** verschoben werden:

4572 m = 4,572 km **408 m = 0,408 km**

Um von der **größeren Einheit zur kleineren** zu kommen, wird das Komma um **eine Stelle** nach rechts verschoben oder **eine Null** ergänzt. Bei der Umwandlung **Kilometer in Meter** wandert das Komma um **drei Stellen**, oder es werden **drei Nullen** ergänzt!

8,74 m = 87,4 dm **19,3 cm = 193 mm** **4,598 km = 4598 m** **34 km = 34.000 m**

Wenn jeder anders misst ...
Kann man sich das noch vorstellen? Wie noch heute viele Länder unterschiedliches Geld haben, gab es früher in fast jedem Land unterschiedliche Längenmaße, und oft rechnete man mit Maßen wie Klafter, Schritt, Spanne und Fuß, die am Körper des Menschen orientiert waren. Erst im Jahr 1875 einigten sich die meisten Nationen der Welt darauf, den Meter als Grundlage der Längenberechnung zu nehmen. Aber bis heute wird in England und Amerika im Alltagnoch fast ausschließlich mit alten Längenmaßen gerechnet:

1 mile (Meile)	=	1,609 km
1 yard (Schritt)	=	0,914 m
1 foot (Fuß)	=	30,4 cm
1 inch (Zoll)	=	24 mm
1 line (Strich)	=	2 mm

Das Raummaß Kubikkilometer (km^3) hat nahezu keine praktische Bedeutung. Wie soll man sich den Inhalt eines Würfels mit der Kantenlänge 1 km vorstellen? Mit einem solchen Maß könnte man höchstens den Wasserinhalt von großen Seen und Meeren ausdrücken.

Flächenmaße und Raummaße

Das Quadrat – Grundlage der Flächenberechnung

Die Fläche eines Quadrats mit der Seitenlänge 1 cm nennt man **1 Quadratzentimeter – 1 cm^2**. Ein Quadratzentimeter besteht aus 100 Quadratmillimetern.

Bei den Flächenmaßen ist jede Einheit um den Faktor 100 größer als die vorausgehende:

1 mm^2
1 cm^2 = 100 mm^2
1 dm^2 = 100 cm^2 = 10.000 mm^2
1 m^2 = 100 dm^2 = 10.000 cm^2 = 1.000.000 mm^2
1 a = 100 m^2 = 10.000 dm^2 = 1.000.000 cm^2 = 100 Mio. mm^2
1 ha = 100 a = 10.000 m^2 = 1.000.000 dm^2 = 100 Mio. cm^2 = 10 Mia. mm^2
1 km^2 = 100 ha = 10.000 a = 1.000.000 m^2 = 100 Mio. dm^2 = 10 Mia. cm^2 = 1 Bio. mm^2

Von der kleinsten zur größten Einheit sind es: **Quadratmillimeter** (mm^2), **Quadratzentimeter** (cm^2), **Quadratdezimeter** (dm^2), **Quadratmeter** (m^2), **Ar** (a), **Hektar** (ha) und **Quadratkilometer** (km^2). Ar und Hektar sind ältere Flächenmaße, die vor allem bei der Berechnung von Grundstücken eine wichtige Rolle spielen.

Um eine **kleinere Einheit in die nächstgrößere Einheit** umzuwandeln, trennt man die letzten zwei Stellen um ein Komma ab, oder man verschiebt das Komma um **zwei Stellen** nach links:

7569 mm^2 = 75,69 cm^2
8548,9 m^2 = 85,489 a
97,450 ha = 0,97450 km^2

Um von der **größeren Einheit zur nächstkleineren** zu kommen, wird das Komma um **zwei Stellen** nach rechts verschoben, und eventuell werden entsprechend viele Nullen ergänzt:

458,756 km^2 = 45875,6 ha
92,5 m^2 = 9250 dm^2
83 cm^2 = 8300 mm^2

Der Würfel – Grundlage der Berechnung von Rauminhalten

In einen hohlen Würfel mit der Kantenläge 1 cm passt genau ein Kubikzentimeter Wasser. Ein Kubikzentimeter besteht aus 1.000 Kubikmillimetern. Bei den Raummaßen ist jede Einheit um den Faktor 1.000 größer als die vorhergehende.

1 mm^3
1 cm^3 = 1.000 mm^3
1 dm^3 = 1 l = 1.000 cm^3 = 1.000.000 mm^3
1 m^3 = 1.000 dm^3 = 1.000 l = 1.000.000 cm^3 = 1 Mia. mm^3

Die Einheiten, mit denen man Rauminhalte misst, sind von der kleinsten zur größten Einheit: **Kubikmillimeter** (mm^3), **Kubikzentimeter** (cm^3), **Kubikdezimeter** (dm^3) und **Kubikmeter** (m^3). Einen Kubikdezimeter nennt man fast immer einen **Liter** (l), vor allem bei Flüssigkeiten.

Um **eine kleinere Einheit in die nächstgrößere Einheit** umzuwandeln, trennt man die letzten **drei** Stellen um ein Komma ab, oder man verschiebt das Komma um drei Stellen nach links:

12790 mm^3 = 12,790 cm^3
6842 cm^3 = 6,842 l
305 l = 0,305 m^3

Um **von einer größeren Einheit zur nächstkleineren zu kommen**, wird das Komma um **drei** Stellen nach rechts verschoben, und eventuell werden entsprechend viele Nullen ergänzt:

79,4285 m^3 = 79428,5 dm^3
345,2 l = 345200 cm^3
104,59 cm^3 = 104590 mm^3

Gewichtsmaße und Zeitmaße

Gewichtsmaße

Die Einheiten, mit denen man das Gewicht von Massen misst, sind von der kleinsten zur größten Einheit: **Gramm** (g), **Kilogramm** (kg) und **Tonne** (t). Ein Gewicht von einem Gramm entspricht fast exakt der Menge Wasser, die in einem Würfel von der Größe 1 cm³ passt. Ein Kilogramm ist daher das Gewicht eines Liters Wasser. Wie bei den Raummaßen ist auch bei den Gewichtsmaßen jede Einheit um den Faktor 1.000 größer als die vorhergehende.

1 g	**1 kg = 1.000 g**	**1 t = 1.000 kg = 1.000.000 g**

Um **eine kleinere Einheit in die nächstgrößere Einheit** umzuwandeln, trennt man die letzten **drei Stellen** um ein Komma ab, oder man verschiebt das Komma um **drei Stellen** nach links:

90241 g = 90,241 kg
274 kg = 0,274 t
87951 kg = 87,951 t

Um von **einer größeren Einheit zu einer kleineren** zu kommen, wird das Komma um **drei Stellen** nach rechts verschoben, und eventuell werden entsprechend viele Nullen ergänzt:

6,259950 t = 6259,950 kg
12,678785 t = 12678,785 kg
17,549 kg = 17549 g

Pfund, Zentner, Doppelzentner

Genauso wie die Längenmaße, die Flächenmaße und Raummaße sind auch die Gewichtsmaße seit langer Zeit in nahezu allen Ländern der Erde so gewählt worden, dass man sie im Dezimalsystem mit der Kommaschreibweise darstellen und umrechnen kann.
Vor allem beim Verkauf von Lebensmitteln und im landwirtschaftlichen Bereich werden aber bis heute noch häufig die Gewichtsbezeichnungen Pfund, Zentner und Doppelzentner verwendet.

Besondere Gewichtsmaße:

Ein Pfund sind 500 g (= ein halbes Kilo).
Ein Zentner sind 50 kg.
Ein Doppelzentner sind 100 kg.
Eine Tonne sind 1000 kg.

Achtung! Zeitmaße können nicht dezimal geschrieben werden!
Die Einteilung der Zeit in Sekunden, Minuten, Stunden und Tage ist uralt und beruht auf einem Sechziger-System.

1 sec (kleinste Einheit)
1 min = 60 sec
1 h = 60 min = 3.600 sec
1 Tag = 24 h = 1.440 min = 86.400 sec

Deshalb können unterschiedliche nebeneinander stehende Zeiteinheiten nicht mit Komma geschrieben werden. Man trennt sie normalerweise mit einem Doppelpunkt:

7 min 25 sec = 7:25 min **12 h 47 min = 12:47 h** **1 h 17 min 5 sec = 1:17:05 h**

Solche Zeitangaben können selbstverständlich nicht mit den normalen schriftlichen Rechenverfahren addiert, subtrahiert, multipliziert oder dividiert werden! Man muss jede Einheit einzeln berechnen und sie dann manchmal umwandeln.

PROPORTIONALE VERHÄLTNISSE

Grafische Darstellung von Zuordnungen

Zwei Werte können zusammen gehören

Der Wasserstand der Donau in Regensburg wird täglich mehrfach gemessen. Ein Mann, der gerne abnehmen möchte, schreibt einmal pro Woche sein Gewicht auf.
Die beiden so unterschiedlichen Beispiele haben etwas gemeinsam: Bei beiden gehören jeweils zwei Zahlenwerte zusammen. Dem einen Wert ist dann ein anderer Wert **zugeordnet**. Man spricht von **Zuordnung**.
Die Fortentwicklung über einen längeren Zeitraum kann man in Tabellen darstellen:

Wasserstände in Regensburg, 12 h mittags

1. Februar	4,50 m
2. Februar	4,20 m
3. Februar	4,30 m
4. Februar	4,70 m
5. Februar	4,90 m
6. Februar	5,30 m
7. Februar	5,00 m

Gewichtsveränderung

nach 7 Tagen	86 kg
nach 14 Tagen	84 kg
nach 21 Tagen	83 kg
nach 28 Tagen	83 kg
nach 35 Tagen	86 kg
nach 42 Tagen	83 kg
nach 49 Tagen	81 kg

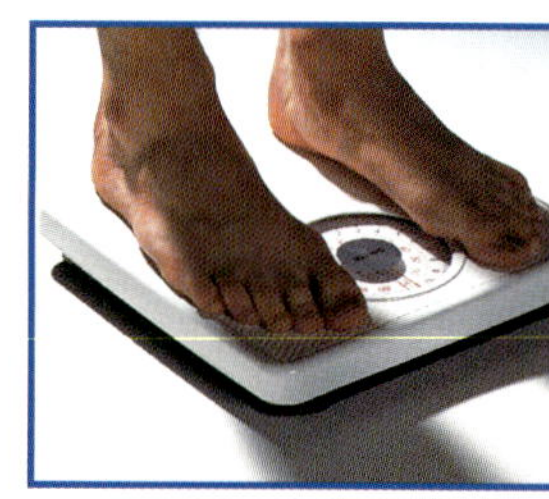

In vielen Fällen werden Zuordnungen nicht durch Tabellen dargestellt, sondern in einer Zeichnung. Sie ist oft übersichtlicher als eine Tabelle. In ihr stehen zwei Geraden senkrecht zueinander. Man nennt sie **Achsen**. Sie bilden ein **Achsenkreuz** (Koordinatensystem). Auf der waagerechten Achse wird eine der Größen dargestellt, auf der senkrechten die andere Größe. Die jeweiligen Zuordnungen werden als Punkte eingetragen. Eine solche Zeichnung nennt man eine **grafische Darstellung**. Die Linie, die entsteht, wenn die Punkte verbunden werden, nennt man den **Graph der Zuordnung**.
Die grafische Darstellung bildet die Entwicklung des Wasserstandes und die Abnahme des Gewichts jeweils so ab:

Wasserstände in Regensburg, 12 h mittags

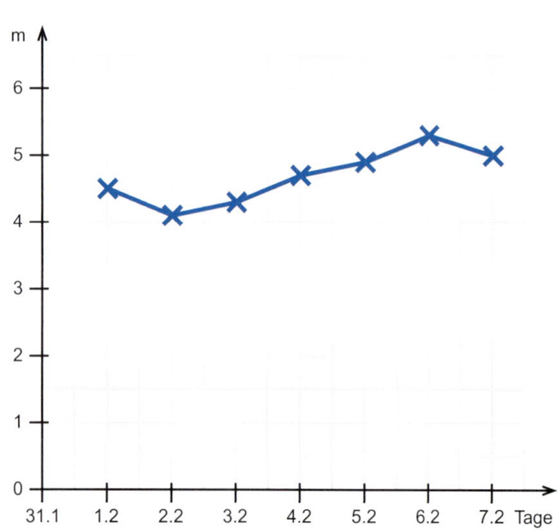

Gewichtsabnahme

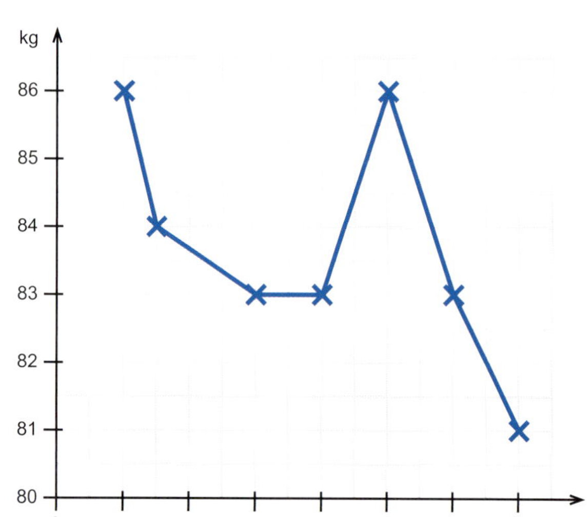

Proportionale Zuordnungen

Eine zufällige Zuordnung

Ein Blick in die Tabelle auf der linken Seite zeigt: Die Donau in Regensburg stand am 4. Februar genau 4,70 m hoch. Die Höhe des Wasserstandes hängt natürlich vom Regen in den Quellgebieten ab, aber nicht davon, ob nun gerade der 4. Februar ist oder nicht. Die Zuordnung der beiden Größen ist also genauso zufällig wie der Zusammenhang zwischen der Anzahl der Diättage und dem danach erreichten Gewicht in der anderen Tabelle auf der linken Seite. Zwei, drei Geburtstagseinladungen – und schon sind die mühsam abgehungerten Kilos wieder da!

Eine nicht-zufällige Zuordnung

Angenommen, jemand verdient in jedem Monat gleich viel Geld – gerundet 1.500 €. Dann steigt die Menge des verdienten Geldes genau gleichmäßig mit der Anzahl der Monate. Wie gleichmäßig die beiden Werte zusammenhängen, sieht man in der grafischen Darstellung sehr viel deutlicher als in der Tabelle:

Darstellung als Tabelle

1 Monat	1.500 €
2 Monate	3.000 €
3 Monate	4.500 €
4 Monate	6.000 €
5 Monate	7.500 €
6 Monate	9.000 €
usw.	usw.

Grafische Darstellung

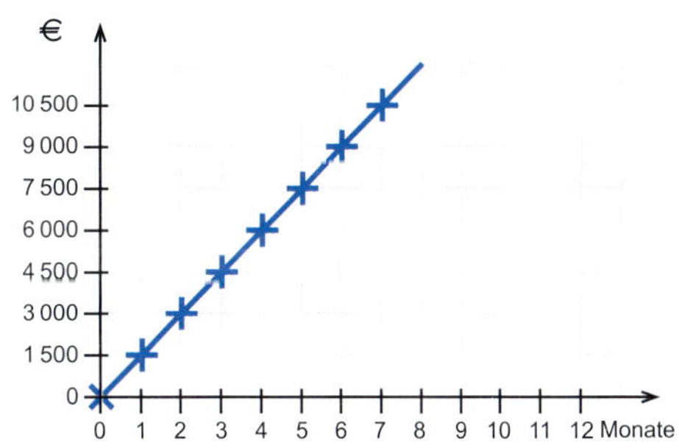

Wenn sich bei einer Zuordnung die erste Größe mit der zweiten Größe in gleichem Maß vervielfacht, dann nennt man das eine **proportionale Zuordnung**. Sie ist bei der grafischen Darstellung sofort daran zu erkennen, dass der **Graph der Zuordnung eine Strecke** ist.

Wie praktisch!

In der grafischen Darstellung einer **proportionalen Zuordnung** kann man unmittelbar die Größe weiterer Werte ablesen. Ein Blick in die grafische Darstellung oben zeigt, wie viel man nach acht oder neun oder zwölf Monaten verdient hat.
Mathematisch geht das immer so weiter – in Wirklichkeit kommt hoffentlich auch irgendwann einmal eine Lohnerhöhung!

Fachbegriffe der Seiten 48 und 49:

Zuordnung	=	zwei (oder mehrere) Werte gehören untrennbar zusammen
grafische Darstellung	=	zeichnerische Darstellung, zum Beispiel der Zuordnung von Werten
Achsen	=	die waagerechte und die senkrechte Strecke der grafischen Darstellung von Zuordnungen mit den jeweiligen Maßeinheiten. Sie bilden das Achsenkreuz (Koordinatensystem).
Graph der Zuordnung	=	Verbindung der Punkte in grafischen Darstellungen von Zuordnungen.
proportionale Zuordnung	=	zwei Werte sind nicht zufällig zugeordnet, sondern sie ändern ihre Größe jeweils im gleichen Verhältnis

Zweisatzrechnung

Von der Einheit zur Mehrheit

Wenn man bei zwei proportional zusammengehörenden Werten die Einheit kennt, dann kann man durch einfache Multiplikation jede beliebige Mehrheit der zugehörigen Größen ausrechnen.
Klingt das kompliziert? Vielleicht, aber solche Rechnungen macht jeder beim täglichen Einkauf, denn man weiß:

Wenn man den Preis für 1 kg Rotbarschfilet kennt, kann man auch den Preis für 4 kg ausrechnen.

	1. Größe		**2. Größe** (zugeordneter Wert)
Einheit:	1 kg	→	16,25 €
Mehrheit:	4 kg	→	?

Man findet heraus, mit welcher Zahl man die 1. Größe multipliziert, um von der Einheit zur Mehrheit zu kommen. Mit dieser Zahl multipliziert man die 2. Größe und findet so das Ergebnis: 16,25 ¤ • 4 = 65,00 ¤.

		1. Größe		**2. Größe** (zugeordneter Wert)	
Einheit:	• 4	1 kg	→	16,25 €	• 4
Mehrheit:		4 kg	→	65,00 €	

2-Zimmer-Wohnung, Küche, Diele, Bad, Balkon. 45 m^2, frisch renoviert, Holzfußböden. 380 € Kaltmiete. 2 Monatsmieten Provision. 3 Monatsmieten Kaution. Chiffre S 37590-3

In diesem Beispiel will man die Höhe der Provision wissen, die der Makler bekommen will:

• 2	1 Monatsmiete	380 €	• 2
	2 Monatsmieten	760 €	

Genauso rechnet man die Kaution aus, also den Betrag, den man dem Vermieter zur Sicherheit hinterlegen muss:

• 3	1 Monatsmiete	380 €	• 3
	3 Monatsmieten	1.140 €	

Aufgaben, bei denen man so wie hier in zwei Schritten von der Einheit auf die Mehrheit schließt, nennt man **Zweisatzrechnung**.
Den Faktor, mit dem beide Seiten multipliziert werden, notiert man sich wie in den Beispielen neben den jeweiligen Größen.

Auch das nächste Rechenbeispiel besteht ausschließlich aus mehreren Zweisatzrechnungen, bei denen von der Einheit auf die Mehrheit geschlossen wird.

Eine Tankfüllung fasst 45 l.

a) Wie viel Liter braucht man im Monat, wenn man durchschnittlich 6 Mal tankt?
b) Ein Liter Benzin kostet 0,98 €. Wie viel kostet eine Tankfüllung?
c) Wie viel € bezahlt man also durchschnittlich im Monat?

Rechnung zu a)

• 6	1 Tankfüllung	→	45 l	• 6
	6 Tankfüllungen	→	270 l	

Rechnung zu b)

• 45	1 l Benzin	→	0,98 €	• 45
	45 l Benzin	→	44,10 €	

Rechnung zu c)

• 6	1 Tankfüllung	→	44,10 €	• 6
	6 Tankfüllungen	→	264,60 €	

oder:

• 270	1 l Benzin	→	0,98 €	• 270
	270 l Benzin	→	264,60 €	

Von der Mehrheit zur Einheit

Die Division ist die Umkehrung der Multiplikation. Deshalb kann man in Zweisatzrechnungen nicht nur so wie auf der vorherigen Seite von der Einheit auf eine Mehrheit schließen. Es geht auch umgekehrt!

Beim Einkaufen macht jeder solche Rechnungen wie selbstverständlich:
Die T-Shirts kosten im Dreier-Pack 22,80 €. In diesem Fall will man gern wissen, wie viel ein einzelnes T-Shirt kostet, um zu vergleichen, ob die T-Shirts im Dreierpack billiger sind als die einzeln angebotenen T-Shirts für 4,85 €.

	1. Größe	**2. Größe** (zugeordneter Wert)
Einheit:	3 T-Shirts →	22,80 €
Mehrheit:	1 T-Shirt →	?

Hier muss man herausfinden, durch welche Zahl die 1. Größe dividiert wird, um von der Mehrheit auf die Einheit zu kommen. Durch diese Zahl dividiert man auch die 2. Größe und kommt so zum Ergebnis: 22,80 € : 3 = 7,60 .

		1. Größe	**2. Größe** (zugeordneter Wert)	
Einheit:	: 3	3 T-Shirts →	22,80 €	: 3
Mehrheit:		1 T-Shirt →	7,60 €	

Den Divisor, durch den beide Seiten geteilt werden, notiert man sich wieder am besten neben den jeweiligen Größen.

Die einzelnen T-Shirts sind also billiger! Hoffentlich sind sie genauso gut!

8-Zimmer-Altbauwohnung, 175 m^2, große Küche, Diele, Bad, 1.800 € Kaltmiete. Auch gut geeignet für Wohngemeinschaften. Chiffre K 9847511-5.

Bei dieser Zeitungsanzeige könnte man sich fragen:
Wie viel Mietanteil muss hier jeder Mitbewohner einer Wohngemeinschaft zahlen, wenn insgesamt 4, 5 oder 6 Leute einziehen?

a)	: 4	Miete für 4 Personen →	1.800 €	: 4
		Miete für 1 Person →	450 €	
b)	: 5	Miete für 5 Personen →	1.800 €	: 5
		Miete für 1 Person →	360 €	
c)	: 6	Miete für 6 Personen →	1.800 €	: 6
		Miete für 1 Person →	300 €	

Manchmal verstecken sich in Mathematikbüchern Aufgaben, die zwar rechnerisch zu lösen sind, die aber tatsächlich keinen Sinn ergeben!
Zum Beispiel könnte man natürlich ausrechnen, wie billig es wäre, wenn 96 Leute die Wohnung teilen.

: 96	Miete für 96 Personen →	1.800 €	: 96
	Miete für 1 Person →	18,75 €	

Aber damit wäre wohl der Vermieter nicht einverstanden!

Zweisatzrechnung

Eine Menge, und das gleich mehrfach ...

20 Flaschen Bier – das ist schon eine ganze Menge! Für eine große Geburtstagsfete reicht das aber nicht, genauso wenig wie 24 Flaschen Cola oder 12 Flaschen Wasser.

Beim Berechnen von Dingen, die so wie Getränkeflaschen in einer Kiste gebündelt sind, wird besonders deutlich: Man kann mit der Zweisatzrechnung nicht nur von einer Einheit auf eine Mehrheit schließen, indem man multipliziert, sondern man kann genauso auch von einer größeren Menge auf ein Vielfaches davon schließen:

a)	• 6	20 Flaschen Bier	→	9,45 €	• 6
		120 Flaschen Bier	→	56,70 €	
b)	• 5	24 Flaschen Cola	→	11,96 €	• 5
		120 Flaschen Cola	→	59,80 €	
c)	• 10	20 Flaschen Wasser	→	2,89 €	• 10
		200 Flaschen Wasser	→	28,90 €	

Was für die Berechnung von Flaschen in Kisten gilt, das gilt natürlich auch für vergleichbare Aufgaben, zum Beispiel, wenn man statt drei Rollen Draht zum Preis von 1,76 € neun Rollen kaufen möchte:

• 3	3 Rollen Draht	→	1,76 €	• 3
	9 Rollen Draht	→	5,28 €	

Die gesuchte Größe kann ein Teil der bekannten Menge sein

Eine Kiste Cola bleibt übrig. Jemand möchte 6 Flaschen davon mitnehmen und bezahlen. Da muss man dividieren, um den Preis auszurechnen:

: 4	24 Flaschen Cola	→	11,96 €	: 4
	6 Flaschen Cola	→	2,99 €	

Und was kosten 4 Flaschen Bier?

: 5	20 Flaschen Bier	→	9,45 €	: 5
	4 Flaschen Bier	→	1,89 €	

Hier schließt man also von einer größeren Menge auf einen Teil davon!

In vielen Rechenaufgaben sollen Preise, Gewichte, Längen, Flächen usw. ausgerechnet werden, die ein Mehrfaches oder ein Teil einer vorgegebenen Größe sind.
Solche Aufgaben sind immer als Zweisatzaufgaben zu lösen. Man schließt dabei entweder durch Multiplizieren von der vorgegebenen Größe auf ein Vielfaches von ihr oder durch Dividieren von der vorgegebenen Größe auf einen Teil von ihr.

Vom Zweisatz zum Dreisatz

Die Dreisatzrechnung

„Dreisatzrechnung" gilt als ein besonders schwieriges Rechenverfahren. Dabei besteht ein Dreisatz einfach nur aus einer Kombination der beiden Möglichkeiten der Zweisatzrechnung, denn im Dreisatz wird zuerst von der bekannten Mehrheit auf die Einheit geschlossen und danach von dieser Einheit auf die gesuchte Mehrheit.

: 9	9 kg	→	8,55 €	: 9
	1 kg	→	0,95 €	
• 11	11 kg	→	10,45 €	• 11

Diese Vorgehensweise ist bei jeder Dreisatzrechnung gleich:

1) Man stellt fest, welche beiden bekannten Größen einander zugeordnet sind, und schreibt sie in die erste Zeile. Hier gehören die Größen „9 kg"und „8,55 €" zusammen.
2) Man berechnet eine Einheit, indem man die beiden bekannten Größen durch den Wert der 1. Größe teilt. In diesem Beispiel wird also durch „9" geteilt.
3) Man berechnet eine gesuchte Größe, indem man die Einheiten mit dem Wert der bekannten zugeordneten Größe multipliziert, in diesem Beipiel also mit „11".

Die Zahlen, durch die dividiert wird oder mit denen multipliziert wird, notiert man häufig so wie hier am jeweiligen Rand. Zwischenrechnungen erledigt man als Nebenrechnung auf einem gesonderten Blatt oder mit dem Taschenrechner. Die zwei folgenden Beispiele zeigen den Weg von der Textaufgabe zur rechnerischen Fragestellung. Danach wird die Lösung vorgestellt.

a) Ein Autofahrer tankt 40 l Benzin und muss dafür 36,80 € bezahlen. Wie viel kostet eine Tankfüllung von 53 l?

Rechnerische Fragestellung:

40 l	→	36,80 €
1 l	→	?
53 l	→	?

Lösung:

:40	40 l	→	36,80 €	:40
	1 l	→	0,92 €	
• 53	53 l	→	48,76 €	• 53

b) Innerhalb von 3 min laufen 48 l Wasser in die Badewanne ein. Wie viel l sind nach 5 min in der Wanne?

Rechnerische Fragestellung:

3 min	→	48 l
1 min	→	?
5 min	→	?

Lösung:

: 3	3 min	→	48 l	: 3
	1 min	→	16 l	
• 5	5 min	→	80 l	• 5

Dreisatz mit proportionalen Zuordnungen

Schafft sie's oder schafft sie's nicht?

Die Sekretärin arbeitet sicher gern flott, aber mehr als 5 verschiedene Druckseiten in 60 Sekunden schafft der Drucker nicht. 133 Seiten sollen ausgedruckt werden. Wie lange dauert das mindestens? Man sieht sofort: 133 Seiten sind kein Vielfaches von 5 Seiten. Mit einer Dreisatzrechnung kann man trotzdem ausrechnen, ob die Sekretärin die Aufgabe in der vorgegebenen Zeit schaffen kann. Dazu rechnet man erst aus, wie viel Zeit der Drucker für eine Seite braucht. Dann kann man berechnen, wie lange er für 133 Seiten brauchen wird.

: 5	5 Seiten	→	60 sec	: 5
	1 Seite	→	12 sec	
• 133	133 Seiten	→	1596 sec	• 133

Vernünftigerweise sollte man das Ergebnis noch in Minuten und Sekunden umwandeln, indem man 1.596 sec : 60 rechnet. Dann weiß man: Die Sekretärin braucht mindestens 26 min und 36 sec für diese Aufgabe.

Völlig unmöglich, was der Chef da verlangt! Das ist eine gute Gelegenheit, ihm vorzurechnen, wie flott ein neuer Laserdrucker wäre:

Ein Laserdrucker schafft 12 Druckseiten in 60 sec. – Wie lange benötigt er für die 133 Seiten?

: 12	12 Seiten	→	60 sec	: 12
	1 Seite	→	5 sec	
• 133	133 Seiten	→	665 sec	• 133

Auch dieses Ergebnis sollte man in Minuten und Sekunden umwandeln. Dann weiß man: Der Laserdrucker braucht nur 11 min und 5 sec für den Ausdruck aller 133 Seiten.

Kann man sich da vorstellen, dass es früher Tintenstrahldrucker gab, die gerade mal 2 Seiten pro Minute schafften?

: 2	2 Seiten	→	60 sec	: 2
	1 Seite	→	30 sec	
• 133	133 Seiten	→	3990 sec	• 133

Der Ausdruck von 133 Seiten hätte damals 1 h, 6 min und 30 sec gedauert!

Grafische Darstellungen vergleichen

Auf Seite 49 war zu lesen, dass der Graph einer proportionalen Zuordnung eine Strecke ist. In der linken Spalte sind die grafischen Darstellungen der Geschwindigkeit des älteren Druckers, eines neuen Laserdruckers und eines uralten Tintenstrahldruckers gegenüber gestellt.

Die Maßeinheiten der waagerechten und der senkrechten Achse sind in den beiden grafischen Darstellungen gleich. Nun erkennt man unmittelbar an der Steilheit des Graphen, dass der Laserdrucker mehr Blätter je Minute auswerfen kann als die anderen Drucker. Je steiler der Graph ist, um so mehr Seiten pro Minute schafft das Gerät, dessen Leistung hier grafisch abgebildet ist. Je flacher der Graph ist, desto langsamer ist es.

Oft findet man innerhalb eines Achsenkreuzes mehrere Graphen, die man durch diese Darstellung unmittelbar miteinander vergleichen kann, so wie in der unten stehenden Abbildung, die alle drei grafischen Darstellungen zusammenfasst.

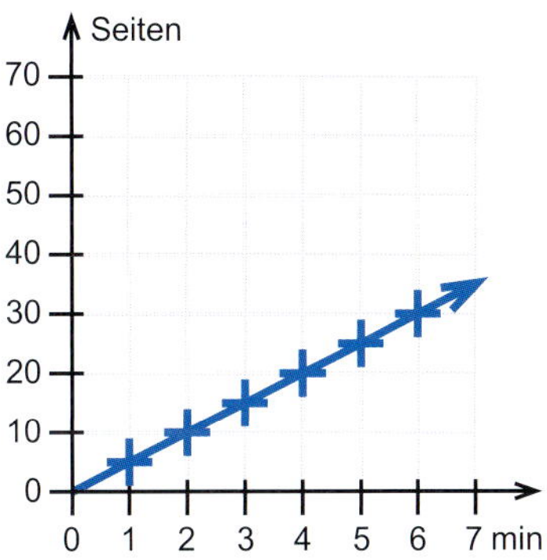

Drucker (5 Seiten pro Minute)

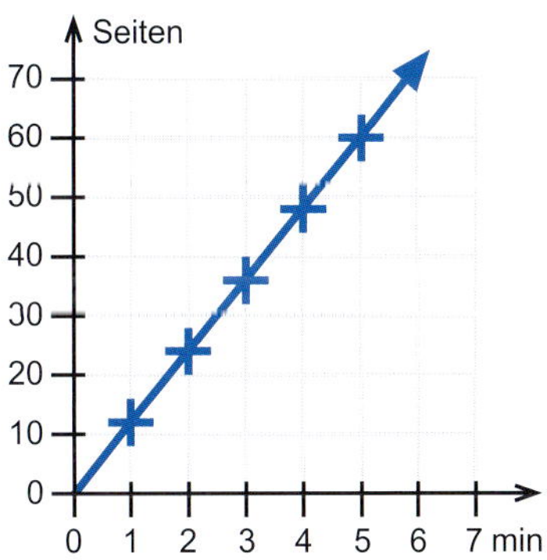

Laserdrucker (12 Seiten pro Minute)

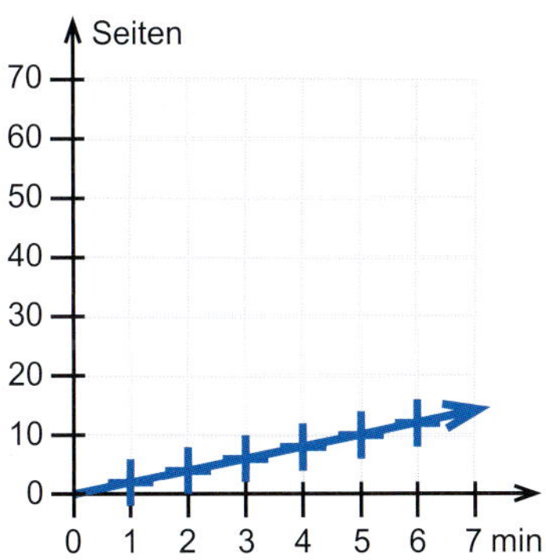

Tintenstrahldrucker
(2 Seiten pro Minute)

3 Graphen zusammengefasst:

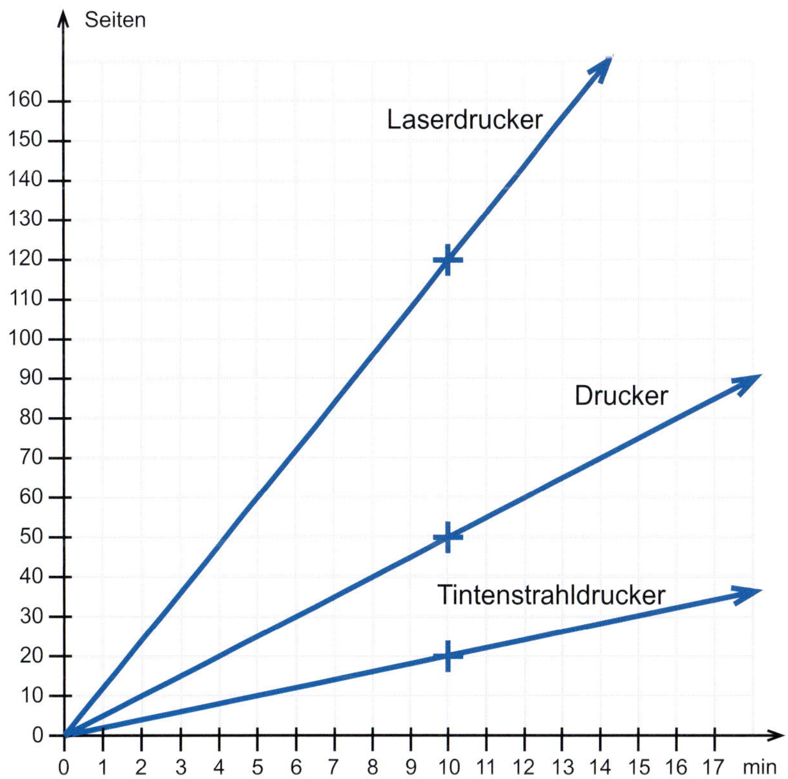

Neapolitanische Pizza (für 4 Personen)

Zutaten für den Teig:		Belag:
500 g Mehl	außerdem:	2 Esslöffel Öl
20 g Trockenhefe	1 Teelöffel Salz	8 Scheiben Käse
120 ml Wasser	1 Teelöffel Zucker	6 Tomaten
120 ml Milch		20 Scheiben Salami
2 Esslöffel Öl		Oregano

Dreisatzrechnung mit proportionalen Zuordnungen

Nicht schematisch, sondern geschickt!

Wer nach dem oben abgedruckten Rezept Pizza für 14 Personen zubereiten möchte, der könnte erst ausrechnen, welche Mengen für eine Person nötig sind, und diese dann mit 14 multiplizieren. So rechnet man schematisch – aber nicht geschickt.

4 und 14 haben ja denselben Teiler: die 2.
Da ist es einfacher auszurechnen, welche Menge an Zutaten man für 2 Personen braucht, und dies dann mit 7 zu multiplizieren. Solche Rechnungen kann man meist im Kopf erledigen.

Es erleichtert Dreisatzrechnungen sehr oft, wenn man von der gegebenen Menge nicht zu einer Einheit geht, sondern zu einem Teiler, den die gegebene Menge mit der gesuchten Menge gemeinsam hat.

a) **Mehl**

: 2	4 Personen	→	500 g	: 2
	2 Personen	→	250 g	
• 7	14 Personen	→	1750 g	• 7

b) **Hefe**

: 2	4 Personen	→	20 g	: 2
	2 Personen	→	10 g	
• 7	14 Personen	→	70 g	• 7

c) **Käse**

: 2	4 Personen	→	8 Scheiben	: 2
	2 Personen	→	4 Scheiben	
• 7	14 Personen	→	28 Scheiben	• 7

Zwischenschritte als Bruch schreiben und ausrechnen

Aufgabe:
Eine 1250 cm² große Holzplatte wiegt 950 g. Wie viel Gramm wiegt eine 2375 cm² große Holzplatte der gleichen Stärke?

Solche Aufgaben findet man oft in Rechenbüchern. Da kann man berechtigte Zweifel daran haben, ob sich so eine Frage irgendwann im wirklichen Leben tatsächlich stellt, aber Ausrechnen können sollte man es trotzdem!
Bei solchen großen Zahlen ist es sinnvoll, wenn man die Zwischenergebnisse als Brüche schreibt. Beim letzten Schritt entsteht so ein großer Bruchstrich. Hier sollte man die Zahlen kürzen:

$1250\ \text{cm}^2 \rightarrow 950\ \text{g}$

$1\ \text{cm}^2 \rightarrow \frac{950}{1250}\ \text{g}$

$2375\ \text{cm}^2 \rightarrow \frac{950 \cdot 2375}{1250}\ \text{g} =$

$\frac{\overset{19}{\cancel{950}} \cdot 2375}{\underset{25}{\cancel{1250}}}\ \text{g} = \frac{19 \cdot \overset{95}{\cancel{2375}}}{\underset{1}{\cancel{25}}}\ \text{g} = 19 \cdot 95\ \text{g} = 1805\ \text{g}$

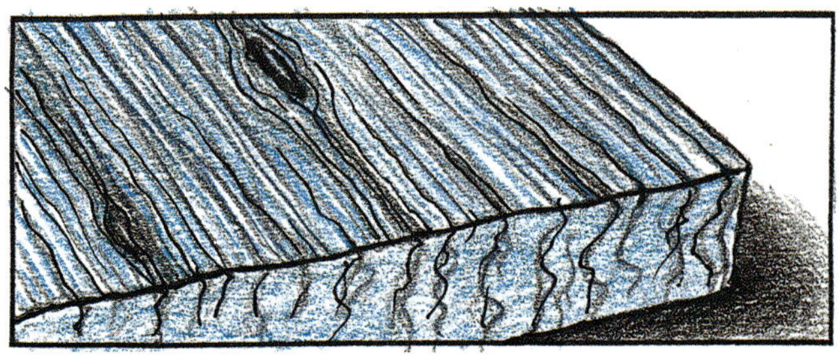

Dreisatzaufgaben mit dem Taschenrechner lösen

Natürlich kann man Dreisatzaufgaben auch mit dem Taschenrechner lösen. Je größer die vorgegebenen Zahlen sind, um so vernünftiger ist das.
Genauso wie in der Aufgabe oben wird zuerst geteilt, um den Wert von einer Einheit zu berechnen. Danach wird multipliziert, um die gesuchte Menge zu erhalten.
Die Zwischenschritte für die Holzplatten-Aufgabe sehen auf dem Taschenrechner so aus:

950 : 1250 = 0.76
0,76 • 2375 = 1805

Der Proportionalitätsfaktor als Maßeinheit

Gleichmäßig vorwärts ...

Ein Flugzeug kommt ziemlich gleichmäßig vorwärts. Auf langen Strecken ist es zum Beispiel nach 1 Stunde (1. Größe) 1.200 km (2. Größe) geflogen, nach 2 Stunden 2.400 km, nach 3 Stunden 3.600 km.

Teilt man die 2. Größe durch die 1. Größe, dann ergibt sich immer derselbe Quotient:

1.200 : 1 = 1.200

2.400 : 2 = 1.200

3.600 : 3 = 1.200 ... usw.

Der Proportionalitätsfaktor

Was für Strecken gilt, die ein Flugzeug in einer bestimmten Zeit zurücklegt, das gilt auch für alle proportionalen Zuordnungen: Zwei Größen, die zusammengehören, bilden immer denselben Quotienten wie alle anderen zusammengehörenden Größen dieser Zuordnung. Diesen Quotienten nennt man den **Proportionalitätsfaktor**.

Manche Proportionalitätsfaktoren begegnen einem beim Rechnen ähnlich wie ganz normale Maßeinheiten. Sie werden mit einem schrägen Bruchstrich geschrieben, so wie man früher Brüche schrieb. Hier sind einige Beispiele:

Geschwindigkeit: Weg/Zeit = km/h

Farbverbrauch: Gewicht/Fläche = kg/m ^{2}

Fließgeschwindigkeit: Inhalt/Zeit = l/sec

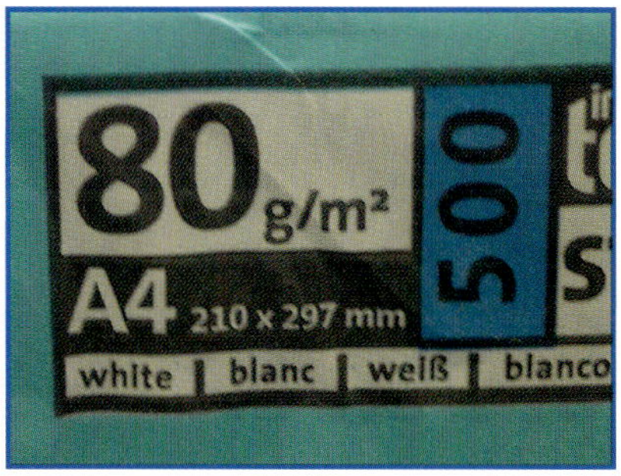

Papierstärke: Gewicht/Fläche = g/m ^{2}

Antiproportionale Zuordnungen

Ein Berg Arbeit! Wenn man Freunde hat, die helfen, dann dauert es nicht so lange …

Je mehr – desto weniger! Je weniger – desto mehr!

Umzugskisten ins Auto schleppen – das kann 12 Stunden dauern, wenn man zu zweit ist! Wenn man nur ein paar Helfer hätte! Ganz klar: Das würde viel schneller gehen. Wie viel Zeit würde man dann benötigen?

Es handelt sich hier nicht um eine proportionale Zuordnung, denn die Werte der Größen, um die es geht, werden nicht gemeinsam größer oder kleiner, sondern es ist genau umgekehrt: Je mehr Personen mitarbeiten, desto weniger Zeit wird benötigt.

• 2	**2 Personen ⟶ 12 Stunden**	: 2
	4 Personen ⟶ 6 Stunden	

Wenn sich die Personenzahl verdoppelt, halbiert sich die Zeit. Das ist so logisch, dass man es eigentlich nicht mehr nachzurechnen braucht! Wenn jetzt noch einmal 4 Personen mithelfen, halbiert sich erneut die benötigte Zeit:

• 2	**4 Personen ⟶ 6 Stunden**	: 2
	8 Personen ⟶ 3 Stunden	

Wenn zwei Größen einander so zugeordnet sind, dass sich die Werte der 2. Größe halbieren, wenn sich die Werte der 1. Größe verdoppeln, nennt man das eine **antiproportionale Zuordnung**. Fürs Rechnen gilt: Wenn die 1. Größe mit einer Zahl multipliziert wird, dann wird die 2. Größe durch die gleiche Zahl dividiert, so wie in den beiden Beispielen. Umgekehrt gilt dasselbe: Wenn sich der Wert der 2. Größe verdoppelt, wenn man den Wert der 1. Größe halbiert, dann handelt es sich natürlich ebenfalls um eine **antiproportionale Zuordnung**, so wie bei der folgenden Rechnung, die man anstellen muss, wenn man nicht einmal zu zweit Kisten schleppen kann, sondern dabei allein ist:

: 2	**2 Personen ⟶ 12 Stunden**	• 2
	1 Personen ⟶ 24 Stunden	

Dann multipliziert man die 2. Größe mit der Zahl, durch die die 1. Größe dividiert wird.

Fachbegriffe der Seiten 58 und 59:

antiproportionale Zuordnung = Zuordnung, in der jeweils zum Doppelten einer Größe die Hälfte der anderen Größe gehört

Hyperbel = der Graph einer antiproportionalen Zuordnung

Die grafische Darstellung einer antiproportionalen Zuordnung

Wenn man die Werte einer **antiproportionalen Zuordnung** in ein Achsenkreuz einträgt und die einzelnen Punkte verbindet, entsteht eine gekrümmte Linie.
Die grafische Darstellung rechts, die das Verhältnis von mitarbeitenden Personen beim Umzug zur Dauer der Zeit ausdrückt, zeigt eine solche Linie.
Man nennt sie eine **Hyperbel**.
Eine **Hyperbel** nähert sich den Achsen, ohne sie jemals zu erreichen, denn ab einer gewissen Größe sind die Werte unsinnig, die man dann ablesen könnte: Es gibt keinen sinnvollen Wert für die Zeit des Kistenschleppens, wenn weniger als eine Person tätig ist, und die vielen Personen, die rechnerisch nötig wären, um den Umzug in einer Minute zu erledigen, stünden sich ziemlich im Wege.
Wie sehr eine **Hyperbel** gekrümmt ist, hängt von den jeweiligen Werten ab. Die grafische Darstellung unten zeigt die Dauer zur Füllung eines großen Schwimmbeckens in Abhängigkeit von der Fließgeschwindigkeit des Wassers, die in l/sec ausgedrückt wird.
Aus dieser grafischen Darstellung kann man unmittelbar ohne weiteres Rechnen ablesen, welche Fließgeschwindigkeit nötig ist, um die Füllung in einer bestimmten Zeit zu erreichen. Oder man liest ab, nach welcher Zeit das Becken voll sein wird, wenn man eine bestimmte Fließgeschwindigkeit wählt.

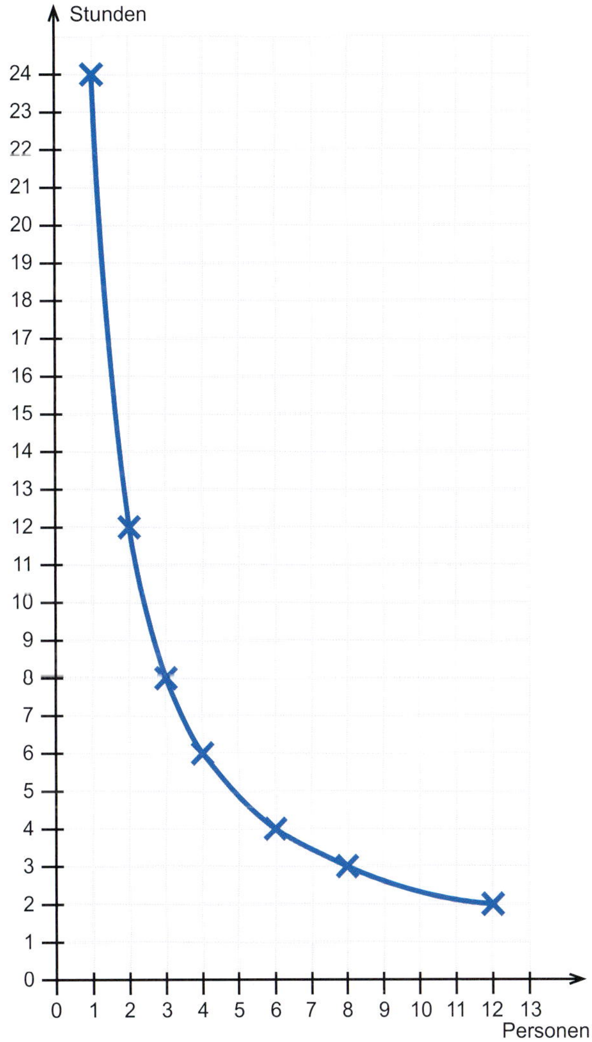

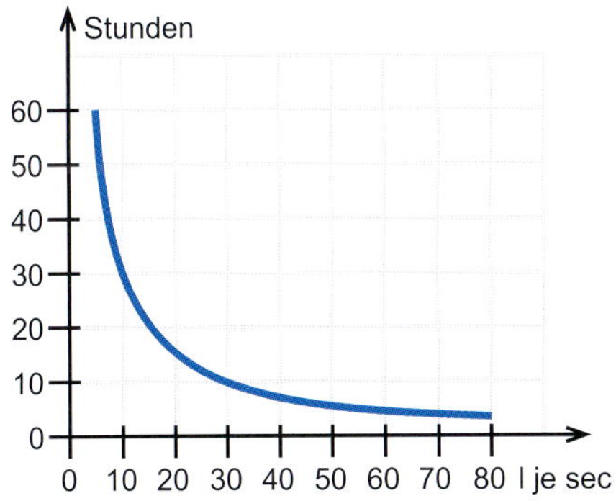

Dreisatzrechnungen mit antiproportionalen Zuordnungen haben sicher schon Hunderttausenden von Menschen Kopfschmerzen bereitet. Am besten kommt man zurecht, wenn man sich das rechnerische Vorgehen ganz schematisch einprägt!

Dreisatz mit antiproportionalen Zuordnungen

Proportional oder antiproportional?

Es hilft alles nichts: Bevor man sich an das Ausrechnen von Dreisatzaufgaben macht, muss man überlegen, ob es sich um eine proportionale Zuordnung handelt, oder ob die Werte der Größen einander antiproportional zugeordnet sind.
Der Unterschied ist fast so groß wie der Unterschied zwischen Feiern und Arbeiten:

4 Leute benötigen für eine Grillparty 8 Würste und 8 Koteletts: Wie viele Würste und Koteletts sollte man besorgen, wenn man mit 7 Nachbarn feiert?

Je mehr Leute da sind, desto mehr Wurst und Fleisch wird gebraucht. Dies ist also eine **proportionale Zuordnung**.

4 Leute benötigen zum Verlegen von Gehwegplatten 12 Stunden: Einer wird krank. Wie lange brauchen 3 Leute für die gleiche Arbeit?

Je weniger Leute da sind, desto mehr Zeit wird gebraucht. Es ist also eine **antiproportionale Zuordnung**.

Dreisatzrechnung mit antiproportionalen Zuordnungen

Dreisatzaufgaben mit antiproportionalen Zuordnungen haben diese Fragestellung zur Grundlage:

4 Personen → 12 Stunden
1 Personen → ? Stunden
3 Personen → ? Stunden

Beim Ausrechnen muss man beachten, dass bei antiproportionalen Zuordnungen nicht auf beiden Seiten die **gleichen** Rechenarten durchgeführt werden, sondern jeweils die **Umkehrung**:

Wenn auf der linken Seite dividiert wird, wird rechts multipliziert. Wenn links multipliziert wird, wird rechts dividiert.

: 4	**4 Personen**	→	**12 Stunden**	• 4
	1 Personen	→	**48 Stunden**	
• 3	**3 Personen**	→	**16 Stunden**	: 3

Dreisatzrechnung auf dem großen Bruchstrich

Die Dreisatzrechnung mit antiproportionalen Zuordnungen geht recht einfach, wenn man die entsprechenden Werte in der folgenden Weise auf einen großen Bruchstrich schreibt und dann ausrechnet.
Das ist hier am Beispiel der Aufgabe von der vorherigen Seite erklärt: 4 Personen benötigen 12 Stunden für eine bestimmte Arbeit. Wie lange brauchen 3 Personen dafür?

bekannt	**4 Personen**	→	**12 Stunden**
gesucht	**3 Personen**	→	**? Stunden**

$$\frac{4 \cdot \overset{4}{\cancel{12}}}{\underset{1}{\cancel{3}}}\,h = 4 \cdot 4\,h = 16\,h$$

Die beiden „bekannten" Werte kommen oben auf den Bruchstrich. Unter den Bruchstrich schreibt man den Wert jener Größe, von der der zugeordnete Wert nicht bekannt ist. Dann kürzt man, wenn es geht und rechnet aus.

Mit dieser Vorgehensweise sind auch die folgenden Beispiele berechnet worden:

a) Ein Keller ist voll Wasser gelaufen. Mit 3 Pumpen könnte man ihn in 90 Minuten leerpumpen. Es stehen aber nur 2 Pumpen zur Verfügung. Wie lange dauert das Auspumpen dann?

bekannt	**3 Pumpen**	→	**90 Minuten**
gesucht	**2 Pumpen**	→	**? Minuten**

$$\frac{3 \cdot \overset{45}{\cancel{90}}}{\underset{1}{\cancel{2}}}\,\text{min} = 3 \cdot 45\,\text{min} = 135\,\text{min}$$

b) Bei einer Zahl von 32 Zeilen pro Seite würde ein Buch 270 Seiten haben. Der Verlag entscheidet bei einer Neuauflage, dass nun 36 Zeilen pro Seite gedruckt werden sollen. Wie viele Seiten wird das Buch haben?

bekannt	**32 Zeilen**	→	**270 Seiten**
gesucht	**36 Zeilen**	→	**? Seiten**

$$\frac{\overset{8}{\cancel{32}} \cdot 270}{\underset{9}{\cancel{36}}}\,\text{S.} = \frac{8 \cdot \overset{30}{\cancel{270}}}{\underset{1}{\cancel{9}}}\,\text{S.} = 8 \cdot 30\,\text{S.} = 240\,\text{Seiten}$$

c) Aus einem Fass Bier können 60 0,5-l-Gläser gezapft werden. Wie viel 0,3-l-Gläser können gezapft werden?

bekannt	**0,5 l**	→	**60 Gläser**
gesucht	**0,3 l**	→	**? Gläser**

$$\frac{0{,}5 \cdot 60}{0{,}3}\,\text{Gl.} = \frac{30}{0{,}3}\,\text{Gl.} = 100\,\text{Gläser}$$

Die Gelegenheit für Schnäppchenjäger! Die Preise im Winterschlussverkauf werden auch dieses Jahr wieder bis zu 70 Prozent reduziert.

Der Vorsitzende des SV Kleve erinnerte daran, dass der Verein seit Jahren keine Preiserhöhungen mehr durchgeführt hat. Er schlug vor, die Eintrittspreise mit Beginn der kommenden Saison um mindestens 20 Prozent anzuheben.

Deutschlands Hobbyfotografen sind mit ihren Leistungen offenbar zufrieden. Eine von einer bekannten Fotofirma veranlasste Untersuchung überprüfte, in welchen Ausmaß Kunden das Angebot nutzen, entwickelte Fotos zurückzugeben, wenn sie ihnen nicht gefallen. Es zeigte sich, dass insgesamt nur knapp 12 Prozent der entwickelten Fotos nicht gekauft wurden. Fast 42 Prozent aller Kunden machten von dem Angebot überhaupt keinen Gebrauch.

Angst vor dem Alter? Nach den Angaben international führender Kosmetikinstitute benutzen bereits **35 Prozent** aller Frauen vor ihrem dreißigsten Geburtstag eine Anti-Falten-Creme, und 27 Prozent verwenden eine Haartönung mit dem erklärten Ziel, die ersten grauen Haare unsichtbar werden zu lassen.

Prozentrechnen

Ein Hundertstel – ein besonderer Bruch

So wie in den Zeitungsausschnitten oben kommen Zahlenangaben mit der Ergänzung **Prozent** überall und immer wieder vor. Man weiß, dass damit der Anteil an einer Gesamtmenge bezeichnet wird:

- Die Preise im Winterschlussverkauf werden um 70 Prozent ermäßigt.
- Der Eintritt zu den Veranstaltungen des Sportvereins wird teurer – um 20 Prozent.
- Nicht alle Frauen benutzen schon vor dem dreißigsten Geburtstag Anti-Falten-Creme und Haartönung – es sind 35 Prozent bzw. 27 Prozent.
- Von den entwickelten Fotos werden nur 12 Prozent nicht gekauft, und fast 42 Prozent der Hobbyfotografen nehmen alle entwickelten Fotos mit.

Bei diesen Prozentangaben sollte man wissen: Ist das jeweils viel oder wenig?

Der 100 %ige Sieger ...

Das Wort „Prozent" ist einfach nur ein anderes Wort für den Bruch $\frac{100}{100}$.
Statt $\frac{100}{100}$ sagt man auch: 1 Prozent.
Um das Wort nicht immer ausschreiben zu müssen (so wie z.B. in den Zeitungsausschnitten), schreibt man sehr häufig das Zeichen für Prozent: **%**.

Also sind

12 Prozent = 12 % = $\frac{12}{100}$

20 Prozent = 20 % = $\frac{20}{100}$

27 Prozent = 27 % = $\frac{27}{100}$

35 Prozent = 35 % = $\frac{35}{100}$

42 Prozent = 42 % = $\frac{42}{100}$

70 Prozent = 70 % = $\frac{70}{100}$

Hundertprozentig sicher!

„Da bin ich mir **hundertprozentig** sicher!" sagt man, wenn man überhaupt keinen Zweifel mehr hat. Logisch – denn

100 Prozent = 100 % = $\frac{100}{100}$ = 1

100 % sind dasselbe wie ein Ganzes. Also ist man sich **ganz** sicher, wenn man sich hundertprozentig sicher ist!

„pro cento"
Prozentangaben setzten sich bereits vor über 600 Jahren bei den Kaufleuten in ganz Europa durch. Ausgangspunkt war Italien. Die italienischen Wörter „pro cento" bedeuten „für hundert". Daraus entwickelte sich im Deutschen das Wort „Prozent".

Fachbegriffe der Seiten 62 und 63

Prozent	=	ein anderes Wort für den Bruch
Prozentzeichen	=	Prozent %
Diagramm	=	grafische Darstellung von Prozentanteilen als Kreis oder Streifen
prozentuale Verteilung	=	die verschiedenen Teile einer Gesamtmenge von 100 % in Prozentangaben

Diagramme zur Darstellung von Prozentzahlen

Grafische Darstellung von Prozentangaben

Prozente geben immer den **Anteil einer Teilmenge** an der Gesamtmenge an. Um dies anschaulicher zu machen, verwendet man häufig grafische Darstellungen, so genannte **Diagramme**. Das Diagramm bildet grundsätzlich 100 % ab. In **Streifendiagrammen** werden die einzelnen Anteile dann durch die entsprechenden Streifenlängen dargestellt. In **Kreisdiagrammen** stellen die entsprechenden Kreisabschnitte die Anteile dar. Man sagt auch, diese Abschnitte bilden die **prozentuale Verteilung** ab.

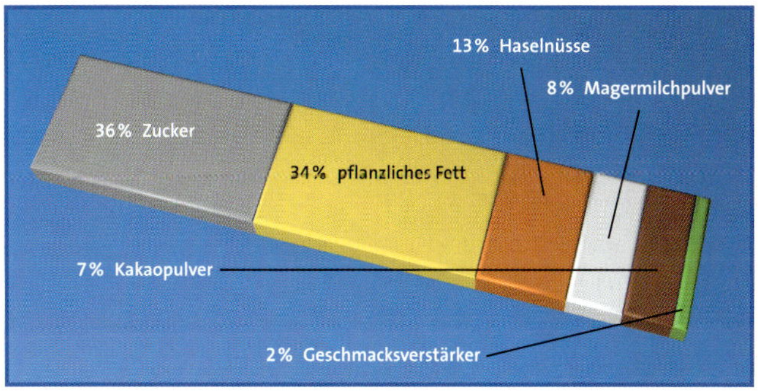

Die Diagramme rechts zeigen beide die prozentuale Verteilung der Bestandteile in einer Nuss-Nugat-Creme, einmal als Streifendiagramm, das andere Mal als Kreisdiagramm.

Da ist es egal, ob man ein 200-g-Glas oder ein 500-g-Glas hat – und selbst im großen Bottich in der Fabrik ist die prozentuale Verteilung der Bestandteile Zucker, Fett, Kakaopulver, Magermilchpulver, Haselnüsse und Geschmacksstoffe gleich.

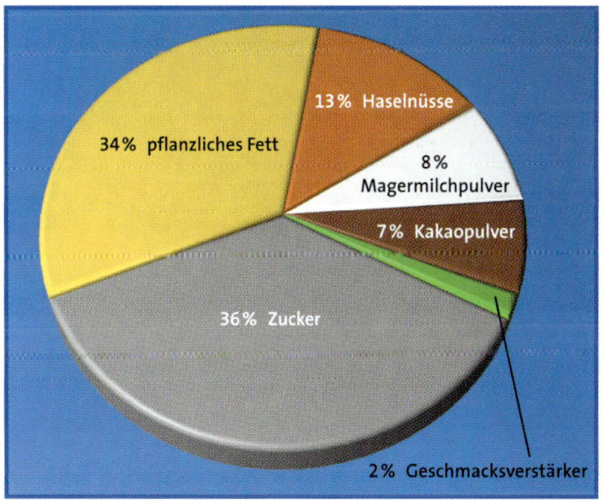

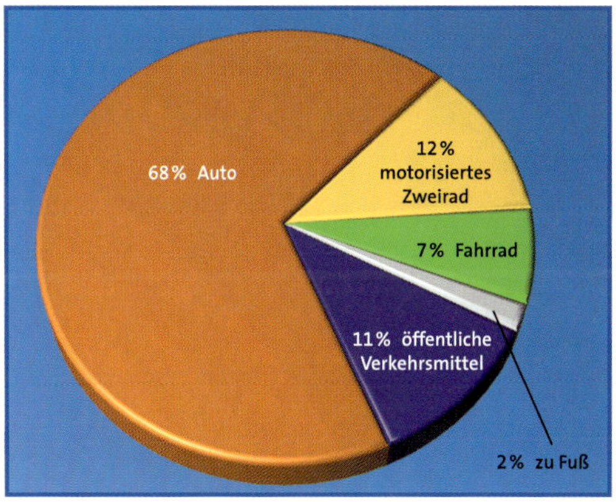

Das Kreisdiagramm zeigt die Verteilung der Beschäftigten eines Betriebes, unterteilt nach der Art, wie sie zur Arbeitsstelle kommen: entweder mit dem Auto, mit motorisierten Zweirädern, mit öffentlichen Verkehrsmitteln, mit Fahrrädern oder zu Fuß. Jetzt kennt man die Anteile. Dann muss man nur noch wissen, wie viele Beschäftigte der Betrieb hat, um ausrechnen zu können, wie viele Personen auf die jeweilige Fortbewegungsart zur Arbeit kommen.

Grundwert, Prozentsatz und Prozentwert

Der Grundwert

Grundwert
745 kg
19,45 €
18726 t
4,2 l
253,7 m

Jede beliebige Zahl, von der man einen Prozentanteil ausrechnet, nennt man beim Prozentrechnen den **Grundwert**.

Der Prozentsatz

Grundwert	Prozentsatz
745 kg	1 %
19,45 €	1 %
18726 t	1 %
4,2 l	1 %
253,7 m	1 %

Der **Prozentsatz** drückt aus, wie hoch der Anteil am Grundwert sein soll, den man berechnen will. In diesem Beispiel ist der Prozentsatz immer 1 %.

Der Prozentwert

Grundwert	Prozentsatz	Prozentwert
745 kg	1 %	7,45 kg
19,45 €	1 %	0,19 €
18726 t	1 %	187,26 t
4,2 l	1 %	0,042 l
253,7 m	1 %	2,5370 m

Am schnellsten und einfachsten lässt sich der Prozentsatz von 1 % ausrechnen. Er entspricht ja dem Bruch $\frac{1}{100}$, und aus dem Rechnen mit Kommazahlen ist bekannt: Beim Teilen durch 100 verschiebt sich das Komma um zwei Stellen nach links. Auf diese Weise erhält man den **Prozentwert**.

Prozentwertberechnung mit dem Dreisatz

Weil die Berechnung von 1 % so einfach ist, lassen sich auch bei allen anderen Prozentsätzen die Prozentwerte schnell mit einer Dreisatzrechnung ausrechnen.

a) **7 %** von **65 € = ?**
1 % → **0,65 €**
7 % → **0,65 € • 7 = 4,55 €**

b) **28 %** von **44,75 cm² = ?**
1 % → **0,4475 cm²**
28 % → **0,4475 cm² • 28 = 12,53 cm²**

Prozentwertberechnung mit dem Taschenrechner

Die Berechnung des Prozentwertes geht mit dem Taschenrechner besonders einfach.
Das liegt daran, dass jeder Prozentsatz unter 100 den ersten Stellen hinter dem Komma entspricht:

$$27\,\% = \frac{27}{100} = 0{,}27$$

$$69\,\% = \frac{69}{100} = 0{,}69$$

$$84{,}2\,\% = \frac{84{,}2}{100} = 0{,}842$$

Deshalb braucht man zur Prozentwertberechnung mit dem Taschenrechner nur den Grundwert mit dem Dezimalbruch zu multiplizieren, der dem Prozentsatz entspricht:

a) **43 %** von **489 kg = 489 kg • 0,43 = 210,27 kg**

b) **77 %** von **326 km = 326 km • 0,77 = 251,02 km**

c) **9 %** von **4,750 l = 4,750 l • 0,09 = 0,4275 l**

Fachbegriffe der Seiten 64 und 65

Grundwert	=	jede beliebige Zahl, von der man einen Prozentanteil ausrechnet. Der Grundwert entspricht 100 %.
Prozentsatz	=	drückt aus, wie hoch ein prozentualer Anteil am Grundwert ist
Prozentwert	=	der prozentuale Anteil am Grundwert

Die Formel zur Prozentwertberechnung

Formeln in der Mathematik

Formeln erleichtern in der Mathematik das Verständnis komplizierter Rechenzusammenhänge. Sie erleichtern aber auch das Vorgehen bei Rechenaufgaben, deren Grundmuster immer gleich ist.
Das „Rechnen mit Buchstaben" in einer Formel ist gar nicht so schwer, wie man meint. Die Buchstaben stehen nämlich immer stellvertretend für Zahlen, und oft lassen die gewählten Buchstaben noch darauf schließen, für welchen Wert sie jeweils stehen.

Die Formel zur Prozentwertberechnung

Die Berechnungen auf der vorherigen Seite lassen sich auf eine Formel zurückführen:

$$\textbf{Prozentwert} = \textbf{Grundwert} \cdot \frac{\textbf{Prozentsatzzahl}}{100}$$

Das kann man auch auf einen großen Bruchstrich schreiben:

$$\textbf{Prozentwert} = \frac{\textbf{Grundwert} \cdot \textbf{Prozentsatzzahl}}{100}$$

Das bedeutet: Den Prozentwert errechnet man, indem man den Grundwert mit der Prozentsatzzahl multipliziert und dann durch 100 dividiert.
Auf diese Weise wird grundsätzlich der Prozentwert ausgerechnet. In einer Formel stehen jedoch nur die Anfangsbuchstaben, und man unterscheidet Großbuchstaben und Kleinbuchstaben, damit man Prozent**wert** (großes P) und Prozent**satzzahl** (kleines p) nicht verwechselt.

So wird aus

$$\textbf{P(rozentwert)} = \frac{\textbf{G(rundwert)} \cdot \textbf{p(rozentsatzzahl)}}{100}$$

die Formel zur Prozentwertberechnung:

$$P = \frac{G \cdot p}{100}$$

Gut merken!
Am besten ist es, wenn man sich die Abkürzungen für die einzelnen Begriffe und ihre Bedeutungen gut merkt.
P, G und p erscheinen auch in den anderen Formeln zur Prozentrechnung immer wieder – so wie auf den folgenden Seiten.

P = Prozentwert
G = Grundwert
p = Prozentsatzzahl

Autohaus Dix & Co.

RECHNUNG

30.000-km-Inspektion	
pauschal (Lohn+Teile)	286,00 €
zuzüglich 16% MwSt.	45,76 €
Endsumme	331,76 €

„Tarifpartner einigten sich endlich: 2,3 % Lohnerhöhung ab 1.4."

Prozentwertberechnung

Prozentuale Zunahme am Beispiel „Mehrwertsteuer"

So wie in der Werkstattrechnung oben muss man häufig ausrechnen, welcher Wert entsteht, wenn zu einem Grundwert – dem Preis für die Inspektion – ein prozentualer Anteil hinzukommt, wie in diesem Fall die 16 % Mehrwertsteuer.
Der Prozentwert der Mehrwertsteuer kann selbstverständlich nach der Formel der Prozentwertberechnung ausgerechnet werden:

$$P = \frac{G \cdot p}{100} \longrightarrow \frac{286 \cdot 16}{100}\,€ = 45{,}76\,€$$

Dieser Betrag wird dann, so wie in der obenstehenden Rechnung vom Autohaus, zum Grundwert addiert.

Eine andere Berechnung des Endergebnisses

Aus steuerlichen Gründen muss die Mehrwertsteuer in der Rechnung getrennt erscheinen.
Das Endergebnis der prozentualen Zunahme lässt sich aber auch anders berechnen:
Da zum Grundwert (100 %) eine Erhöhung von 16 % hinzukommt, beträgt das Endergebnis 100 % + 16 % = 116 % vom Grundwert.

Man kann also nach der Formel für die Prozentwertberechnung so rechnen:

$$P = \frac{G \cdot p}{100} \longrightarrow \frac{286 \cdot 116}{100}\,€ = 331{,}76\,€$$

Prozentuale Zunahme am Beispiel „Lohnerhöhung"

Lohnerhöhungen werden vom Bruttogehalt berechnet – das Bruttogehalt ist also der Grundwert.
Wie hoch ist die Lohnerhöhung von 2,3 % bei einem Bruttogehalt von 1954,37 €?
Auch diese Berechnung folgt der Formel für Prozentwertberechnung, und es spielt dabei keine Rolle, dass die Prozentwertzahl eine Kommazahl ist:

$$P = \frac{G \cdot p}{100} \longrightarrow \frac{1954{,}37 \cdot 2{,}3}{100}\,€ = 44{,}95051\,€ \approx 44{,}95\,€$$

Zur Berechnung des neuen Bruttolohns muss die prozentuale Zunahme zum Grundwert addiert werden:

$$1954{,}37\,€ + 44{,}95\,€ = 1999{,}32\,€$$

Der Bruttolohn nach der Lohnerhöhung beträgt also 1999,32 €.

Eine andere Berechnung des Endergebnisses

Der neue Bruttolohn lässt sich selbstverständlich auch direkt berechnen:
Zum Grundwert (100 %) kommt die Erhöhung von 2,3 % hinzu, also beträgt der neue Bruttolohn 100 % + 2,3 % = 102,3 % vom alten.

$$P = \frac{G \cdot p}{100} \longrightarrow \frac{1954{,}37 \cdot 102{,}3}{100}\,€$$
$$= 1999{,}32051\,€ \approx 1999{,}32\,€$$

Um zu wissen, wie viel Euro einem davon als Nettolohn übrig bleiben, muss man in der Steuertabelle nachsehen!

```
30.000-km-Inspektion
pauschal (Lohn+Teile)      286,00 €
zuzüglich 16% MwSt.         45,76 €
                           --------
Endsumme                   331,76 €

Bei Zahlung innerhalb
einer Woche 2% Skonto.
```

15 Jahre Haushaltswaren Müller,
15% Rabatt

Prozentuale Abnahme am Beispiel „Skonto“

Oft ist es so: Wenn man eine Rechnung sehr schnell bezahlt, muss man etwas weniger bezahlen. Man darf das so genannte **Skonto** abziehen. Das ist ein prozentualer Anteil von der Rechnungssumme. Meist beträgt das Skonto 2 %.
Wie viel Euro spart man also, wenn man die Rechnung oben innerhalb einer Woche bezahlt?

$$P = \frac{G \cdot p}{100} \rightarrow \frac{331{,}76 \cdot 2}{100} € = 6{,}6352\,€ \approx 6{,}64\,€$$

Also muss man nur

$331{,}76\,€ - 6{,}64\,€ = 325{,}12\,€$ bezahlen.

Eine andere Berechnung des Endergebnisses

Wenn man 2 % Skonto vom Grundwert (100 %) abzieht, dann beträgt das Endergebnis 100 % – 2 % = 98 % vom Grundwert.
Man kann also den Betrag, den man nach Abzug von 2 % Skonto zahlen muss, auch in einem Rechenschritt so berechnen:

$$P = \frac{G \cdot p}{100} \rightarrow \frac{331{,}76 \cdot 98}{100} € = 325{,}1248\,€ \approx 325{,}12\,€$$

Prozentuale Abnahme am Beispiel „Rabatt“

Rabatte sind prozentuale Preissenkungen. Wenn man den Grundpreis kennt, kann man auch hier entweder die Preisersparnis ausrechnen oder den Endpreis, der sich ergibt, nachdem man den Rabatt abgezogen hat.
Die Waschmaschine im Beispiel oben hat einen Grundpreis von 789 €.
Bei einem Rabatt von 15 % ergibt sich eine Ersparnis von:

$$P = \frac{G \cdot p}{100} \rightarrow \frac{789 \cdot 15}{100} € = 118{,}35\,€$$

Der Endpreis beträgt 100 % – 15 % = 85 % vom Grundpreis und kann ohne Zwischenrechnung so berechnet werden:

$$P = \frac{G \cdot p}{100} \rightarrow \frac{789 \cdot 85}{100} € = 670{,}65\,€$$

Besondere Prozentsätze

Einige Prozentsätze entsprechen einfachen Brüchen, die eine schnellere Berechnung des Prozentanteils möglich machen.
Zum Beispiel:

$$5\,\% = \frac{1}{20} = \frac{G}{20} \quad G = \text{Grundwert}$$

$$10\,\% = \frac{1}{10} = \frac{G}{10}$$

$$20\,\% = \frac{1}{5} = \frac{G}{5}$$

$$25\,\% = \frac{1}{4} = \frac{G}{4}$$

$$33{,}3\,\% = \frac{1}{3} = \frac{G}{3}$$

$$50\,\% = \frac{1}{2} = \frac{G}{2}$$

Berechnung des Grundwertes

Berechnung des Grundwertes mit einer Dreisatzrechnung

Wie viele Besucher fasst das Kino, wenn 247 Leute 38 % einer ausverkauften Vorstellung sind?
Das lässt sich natürlich mit einem Dreisatz ausrechnen:

38 % → 247 Leute
1 % → 6,5 Leute
100 % → 650 Leute

1% → 6,5 Leute! Was mathematisch sinnvoll ist und zum richtigen Ergebnis führt, das kann man sich praktisch sicher nicht so richtig vorstellen ... vielleicht so?

Die Formel für die Grundwertberechnung

In der Dreisatzrechnung ist zu sehen: Der Prozentwert (247 Leute) wird erst durch die Prozentsatzzahl (38) geteilt und dann mit 100 multipliziert.
Genau das besagt die Formel, die grundsätzlich für die **Berechnung des Grundwerts** gilt, wenn Prozentwert und Prozentsatz bekannt sind:

$$G = \frac{\text{Prozentwert}}{\text{Prozentsatzzahl}} \cdot 100 = \frac{P}{p} \cdot 100$$

Wenn man die Werte der Beispielaufgabe in diese Formel einsetzt, sieht die Aufgabe so aus:

$$G = \frac{247}{38} \cdot 100 = 6{,}5 \cdot 100 = 650$$

Kein sehr großer Unterschied zur Dreisatzrechnung – aber es geht doch etwas schneller.

Die Formel für die Prozentsatzberechnung

Zur **Berechnung des Prozentsatzes** muss man einfach den Prozentwert durch den Grundwert teilten. Die Formel dafür lautet also:

$$p\,\% = \frac{\text{Prozentwert}}{\text{Grundwert}} = \frac{P}{G}$$

Der Wert, der dabei entsteht, gibt den Prozentsatz als Dezimalbruch an. Um eine Prozentangabe daraus zu machen, verschiebt man das Komma um zwei Stellen nach rechts.

Berechnung des Prozentsatzes

„Grippewelle legt Betriebe lahm“

Vergleich von Anteilen durch Prozentsatzberechnung

In welchem der beiden Firmen fehlen anteilig mehr Mitarbeiter? Um die beiden Werte vergleichen zu können, muss man den jeweiligen Prozentsatz der kranken Mitarbeiter berechnen.

$p\,\% = \frac{P}{G}$ $\quad p\,\% = \frac{24}{64} = 0{,}375 = 37{,}5\,\%$

$p\,\% = \frac{P}{G}$ $\quad p\,\% = \frac{84}{280} = 0{,}3 = 30\,\%$

In der kleinen Firma fehlen 37,5 % aller Mitarbeiter, in dem größeren Betrieb sind es dagegen nur 30 %. Damit ist die kleine Firma anteilig mehr von der Grippewelle betroffen.

Bei langen Dezimalbrüchen, die beim Teilen mit dem Taschenrechner auftauchen, wird bei der Bestimmung des Prozentsatzes die dritte oder vierte Stelle hinter dem Komma auf- oder abgerundet, je nachdem, wie genau man das Ergebnis haben möchte:

0,734012 ≈ 0,734 = 73,4 % oder: **0,732012 ≈ 0,73 = 73 %**

0,1578691 ≈ 0,158 = 15,8 % oder: **0,1578691 ≈ 0,16 = 16 %**

Zinsrechnung

Zinsen beim Geldsparen

Geld kann man im Sparschwein sparen. Wenn man fürs Sparen aber noch etwas Geld zusätzlich bekommen möchte, dann gibt es andere Möglichkeiten: Man gibt das Geld auf ein Sparbuch, man kauft einen Sparbrief oder wählt andere Formen der Geldanlage bei Banken und Sparkassen.
Dafür gibt es Sparzinsen – einen prozentualen Anteil von dem Geld, das man angelegt hat. Dieser Anteil wird als Jahreszinsen angegeben. Die Angabe „2,5 % Sparzinsen" bei einem Sparbuch bedeutet: Wenn man 300 € genau ein Jahr lang auf dem Sparbuch lässt, bekommt man 7,50 € Zinsen ausgezahlt. Längere oder kürzere Sparfristen werden taggenau berechnet.

Zinsen beim Geldleihen

Wenn man sich bei Banken oder Sparkassen Geld leiht, muss man dieses Geld selbstverständlich wieder zurückzahlen. Den geliehenen Betrag nennt man Kredit oder Darlehen. Über den geliehenen Betrag hinaus muss man Zinsen zahlen, zusätzliches Geld. Solche Kreditzinsen werden ebenfalls als prozentualer Jahresanteil von der geliehenen Summe berechnet. Die Angabe „7,8 % Kreditzinsen" bedeutet: Wenn man 1.000 € genau ein Jahr lang leiht, muss man zusätzlich 78 € Zinsen zahlen.
Längere oder kürzere Leihfristen werden meist monatsgenau berechnet.

Zinsrechnung ist eine Anwendung der Prozentrechnung

Bei der Zinsrechnung kann man alle Formeln der Prozentrechnung anwenden. Man muss nur wissen, welche Begriffe der Zinsrechnung den Begriffen der Prozentrechnung entsprechen.

Das gesparte bzw. das geliehene Geld nennt man **Kapital**.	Wie viel Zinsen man erhält bzw. zahlen muss, sagt der **Zinssatz**.	Das Geld, das man pro Jahr als Zinsen erhält oder zahlen muss, sind die **Jahreszinsen**.
Es entspricht dem **Grundwert**.	Er entspricht dem **Prozentsatz**.	Sie entsprechen dem **Prozentwert**.

Berechnung der Jahreszinsen

Wie viel Zinsen bekommt man, wenn man 2.570 € genau ein Jahr lang bei einem Zinssatz von 2,5 % auf dem Sparbuch spart?

Die **Formel zur Berechnung des Prozentwerts** heißt:

$$P = \frac{G \cdot p}{100}$$

Bei der Zinsrechnung rechnet man also:

$$\text{Jahreszinsen} = \frac{\text{Kapital} \cdot \text{Zinssatzzahl}}{100}$$

Daraus ergibt sich für das Beispiel:

$$\text{Jahreszinsen} = \frac{2.570 \cdot 2,5}{100}\,€ = \frac{6.425}{100}\,€ = 64,25\,€$$

Das ist nicht sehr viel! Es gibt günstigere Sparmöglichkeiten als ein einfaches Sparbuch!

Berechnung des Kapitals

„Bei einem Zinssatz von 7,5 % habe ich im letzten Jahr 3.825 € Jahreszinsen erhalten", gibt ein Arbeitskollege an. Da kann man ausrechnen, wie hoch sein gespartes Kapital angeblich ist.

Die **Formel zur Berechnung des Grundwertes** heißt:

$$G = \frac{P \cdot 100}{p}$$

Bei der Zinsrechnung rechnet man also:

$$\text{Kapital} = \frac{\text{Jahreszinsen} \cdot 100}{\text{Zinssatzzahl}}$$

Daraus ergibt sich für das Beispiel:

$$\text{Kapital} = \frac{3.825}{7,5}\,€ \cdot 100 = 51.000\,€$$

Ob der Kollege da nicht doch ein bisschen übertreibt?

Berechnung des Zinssatzes

Eine Anzeige verspricht: „Billige Kredite ohne Nachfrage, zum Beispiel 2.500 € für ein Jahr bei nur 480 € Zinskosten pauschal". Ist das wirklich so billig?

Die **Formel zur Berechnung des Prozentsatzes** heißt:

$$p\,\% = \frac{P}{G}$$

Bei der Zinsrechnung rechnet man also:

$$\text{Zinssatz}\,\% = \frac{\text{Jahreszinsen}}{\text{Kapital}}$$

Daraus ergibt sich für das Beispiel:

$$\text{Zinssatz}\,\% = \frac{480}{2500} = 0,192 = 19,2\,\%$$

19,2 % Jahreszinsen – das ist nicht billig, sondern ein Wucherpreis! Kredite kann man viel preisgünstiger bekommen!

GEOMETRIE

Punkt, Gerade, Strecke, Winkel

Nur einfache Linien und Punkte?

Was ist hier auf der rechten Seite? Nur eine einfache Linie? Ja – aber sie wird in der Mathematik eine **Gerade** genannt. Sie ist **unendlich**: Man könnte sie in beide Richtungen weiterzeichnen.

Um verschiedene Geraden voneinander zu unterscheiden, bezeichnet man sie mit kleinen Buchstaben.

Punkte werden in der Mathematik mit kleinen Kreuzen gekennzeichnet, damit man sie klarer erkennt. Der eigentliche Punkt liegt im Schnittpunkt des Kreuzes. Damit man bei mehreren Punkten weiß, von welchem Punkt die Rede ist, werden Punkte mit GROSSBUCHSTABEN bezeichnet.

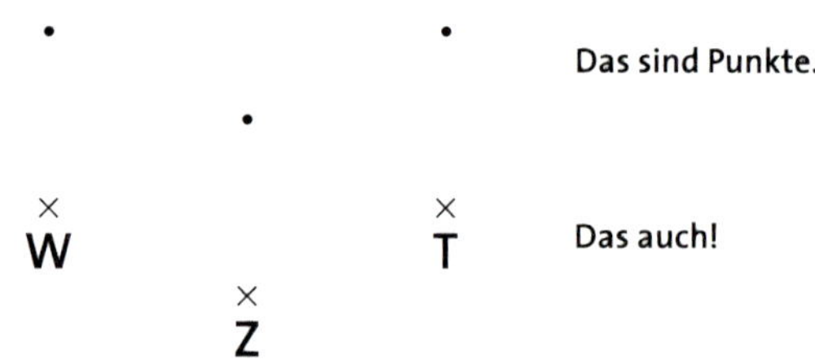

Ist das auch eine **Gerade**? Nein. Eine Gerade hat keinen Anfang und kein Ende. Die Linie, die hier die Punkte G und J direkt verbindet, nennt man eine **Strecke**.
Auch Anfangs- und Endpunkt einer Strecke bezeichnet man mit GROSSBUCHSTABEN.

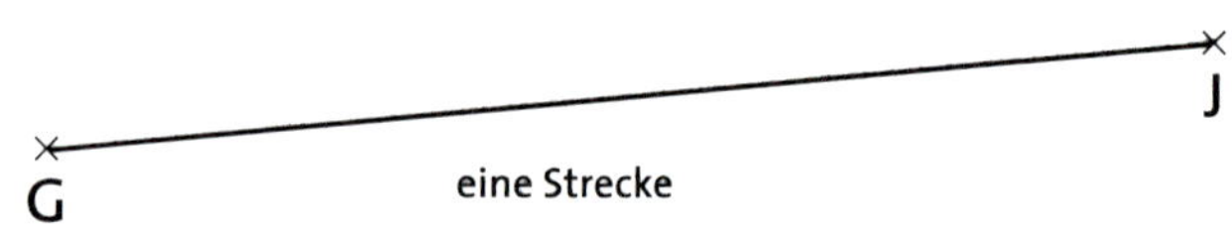

Eine Linie, die nur einen Anfangspunkt hat, aber keinen Endpunkt, nennt man eine **Halbgerade**.

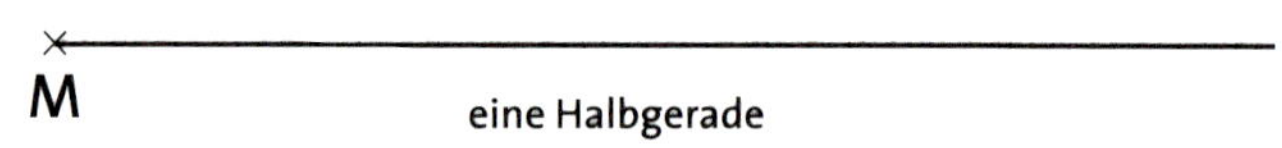

Ein Paar Halbgeraden, die beide in einem Punkt beginnen, schließen einen **Winkel** ein.
Der Ausgangspunkt des Winkels heißt **Scheitel**. Der Scheitel wird, weil er ein Punkt ist, mit einem GROSSBUCHSTABEN bezeichnet. Die Halbgeraden des Winkels nennt man **Schenkel**. Man benennt sie mit kleinen Buchstaben.
Als Winkel wird also die Öffnung bezeichnet, die beide Halbgeraden bilden. Sie wird in der Nähe des Scheitelpunkts mit einem Kreisbogen markiert, in den man einen griechischen Buchstaben schreibt, so wie hier den Buchstaben „alpha“, der α geschrieben wird.

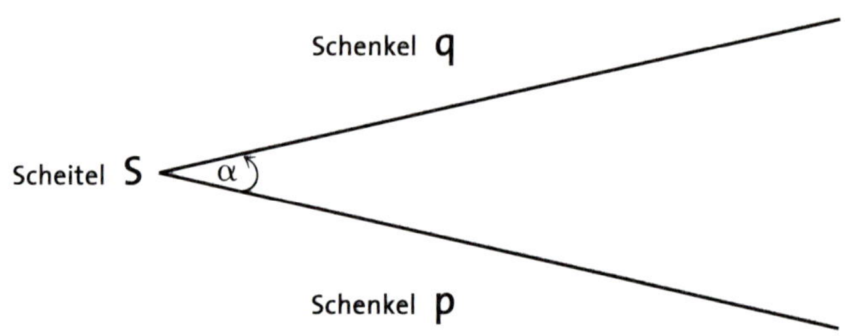

Verschiedene Winkel

Verschiedene Winkel benennen und messen

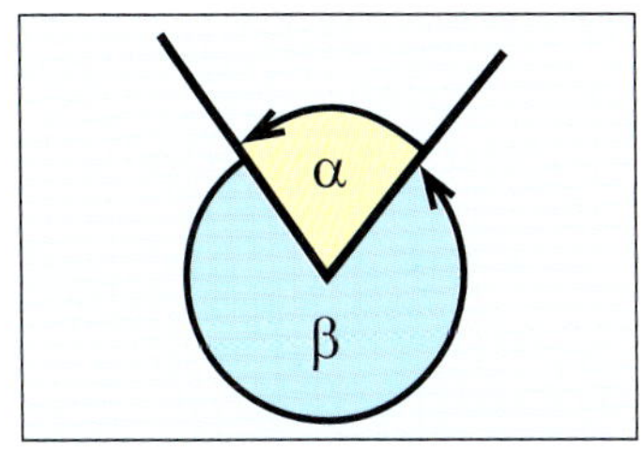

Jeder Winkel schließt im Grunde zwei Winkelöffnungen ein, wobei man häufig nur die kleinere Winkelöffnung kennzeichnet, die von den Schenkeln des Winkels eingeschlossen wird. Die Zeichnung macht deutlich, dass die beiden Winkelöffnungen jeweils einen Kreis bilden.
Weil jeder Winkel auf diese Weise als Kreisausschnitt verstanden werden kann, geht man beim Messen und Benennen von Winkelöffnungen von der Einteilung des Kreises in 360 Grad aus (vgl. Seite 85). Man schreibt statt „Grad" meist einen hochgestellten kleinen Kreis: „ ° ". Die Summe der beiden Winkelgrößen muss also immer 360° sein.

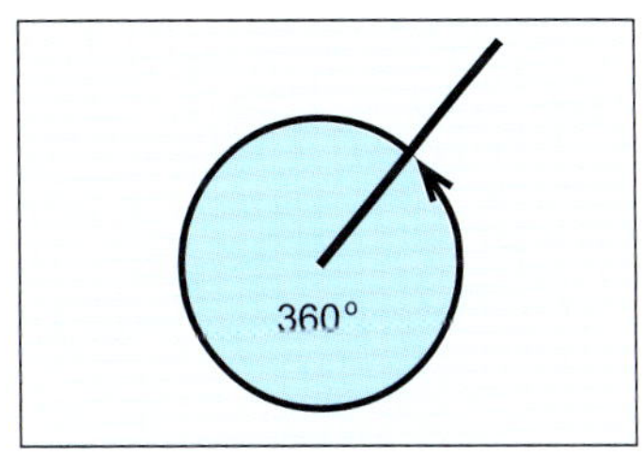

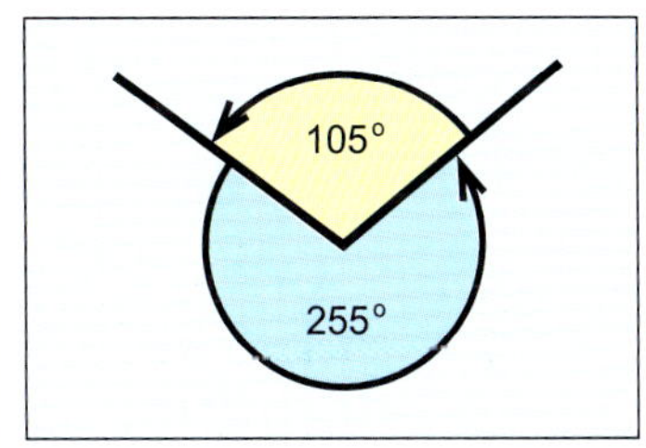

Spitz, recht, stumpf, gestreckt und überstumpf ...

Um verschiedene Winkel nach ihrer Größe grob zu unterscheiden, haben sich die folgenden Bezeichnungen durchgesetzt:

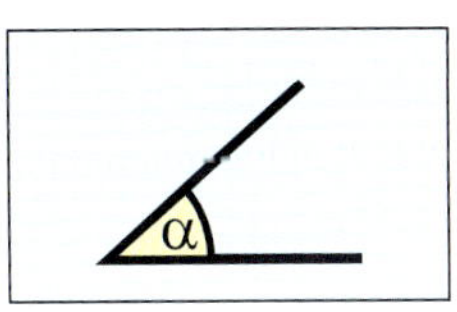

spitzer Winkel
$\alpha < 90°$

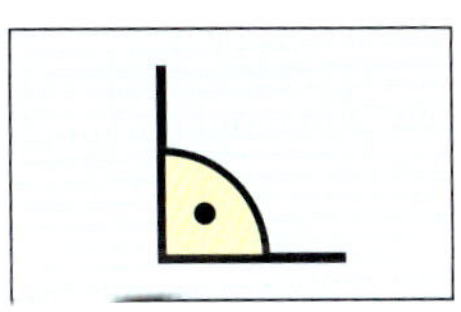

rechter Winkel
$\alpha = 90°$

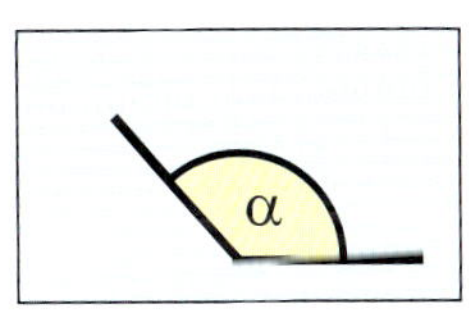

stumpfer Winkel
$90° < \alpha < 180°$

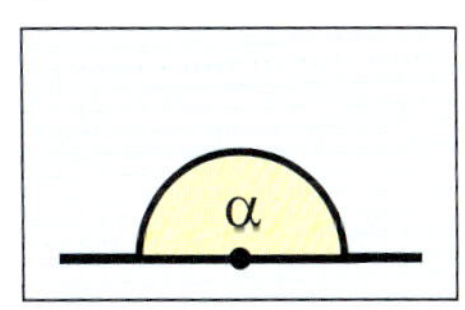

gestreckter Winkel
$\alpha = 180°$

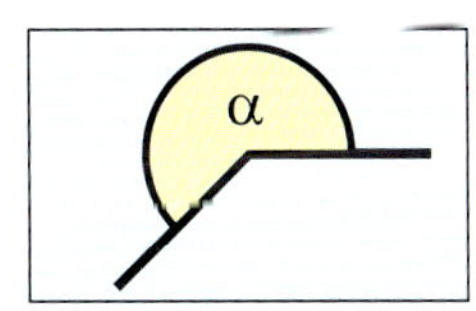

überstumpfer Winkel
$\alpha > 180°$

Der rechte Winkel hat ein Sonderzeichen: Man kennzeichnet ihn mit einem Punkt.

Messen und Zeichnen von Winkeln – dazu verwendet man ein Geo-Dreieck:

Messen

Man legt den Mittelpunkt 0 des Geodreiecks auf den Scheitelpunkt S des Winkels und die Grundseite des Geodreiecks genau auf den Schenkel p. Der andere Schenkel zeigt nun die Gradzahl auf der Skala des Geodreiecks.

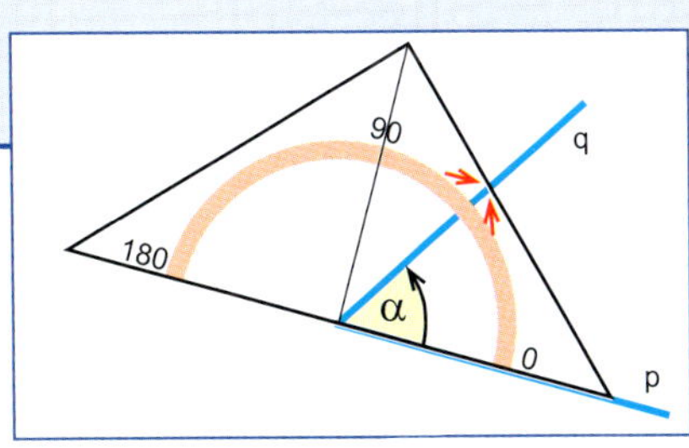

Zeichnen

Man zeichnet zuerst einen Schenkel p und bezeichnet den Scheitelpunkt S. Mit dem Mittelpunkt 0 richtet man das Geodreieck nun so aus, dass der Schenkel p die gewünschte Gradzahl auf der Skala zeigt. Nun zeichnet man den Schenkel q auf der Grundseite des Geodreiecks.

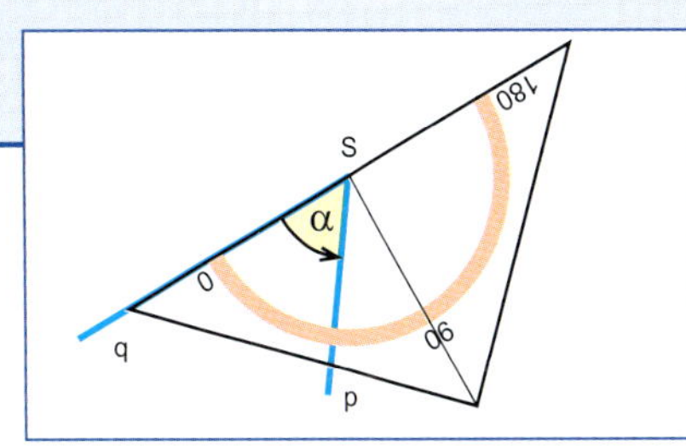

„Wie sieht ein Viereck aus?“ Auf diese Frage hin erhält man fast immer diese Zeichnungen:

Sehr oft solche Vierecke:

ebenso häufig solche Vierecke:

und manchmal auch solche:

Alles Vierecke

Mathematisch gesehen, ist jede Form ein Viereck, bei dem **vier verschiedene Punkte A, B, C und D** durch **vier Strecken AB, BC, CD und DA** miteinander verbunden sind. Also sind natürlich auch diese Formen Vierecke:

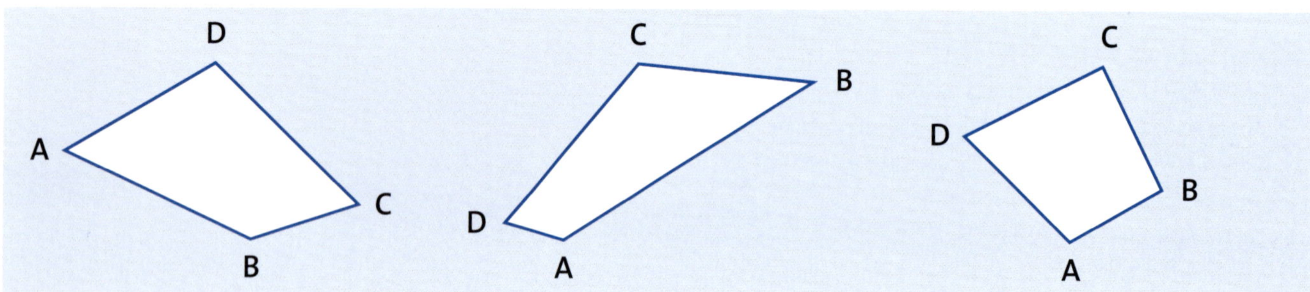

Und selbst bei diesen beiden Formen handelt es sich um Vierecke, weil auch bei ihnen die Punkte A, B, C und D durch vier Strecken AB, BC, CD und DA miteinander verbunden sind:

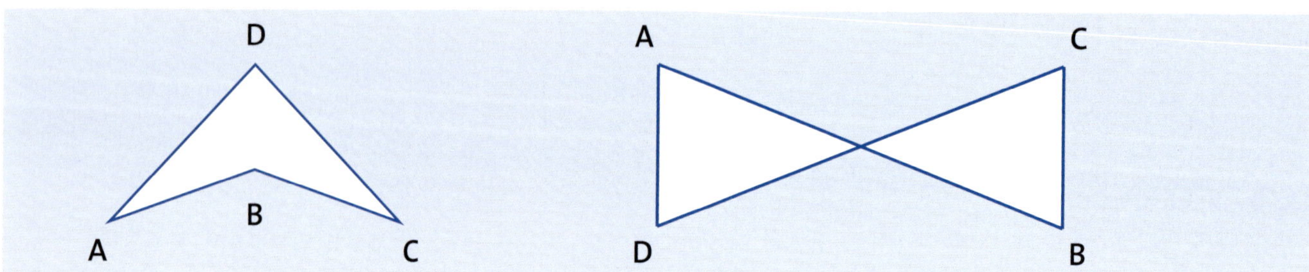

Bei Berechnungen spielen vor allem jene Vierecke eine Rolle, die in irgendeiner Form regelmäßig sind. Für sie gibt es spezielle Bezeichnungen:

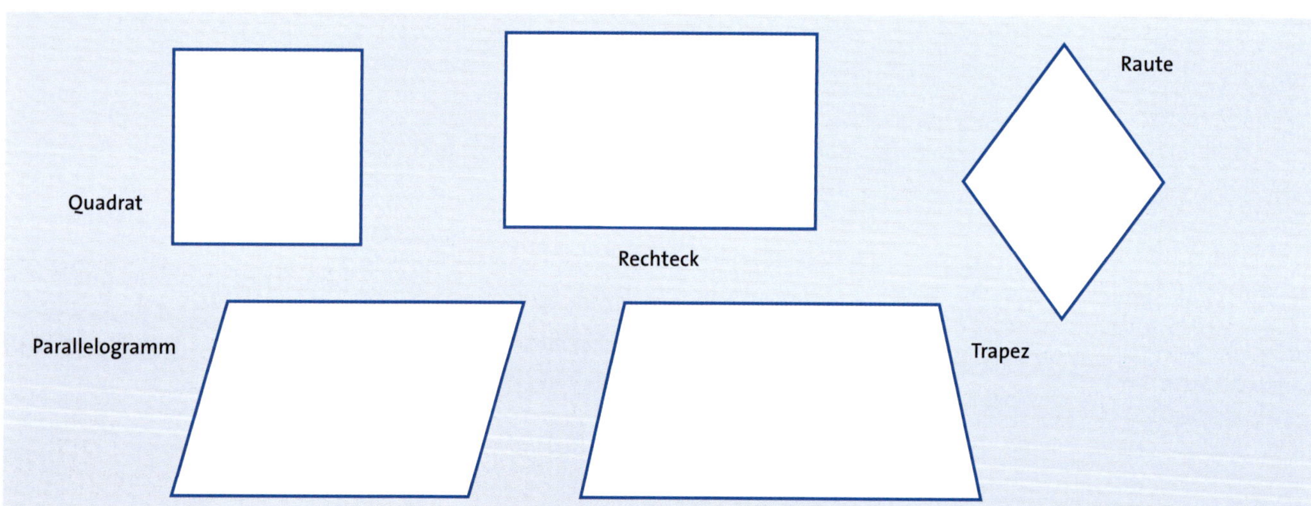

Das Quadrat

Das Quadrat

Das Quadrat ist das „bekannteste“ Viereck, aber es ist gleichzeitig die größte Sonderform des Vierecks, denn alle vier Seiten AB, BC, CD und DA sind gleich, ebenso alle Winkel. Das ist die Definition eines Quadrats:

Ein Viereck mit vier gleich langen Seiten und vier rechten Winkeln nennt man ein Quadrat.

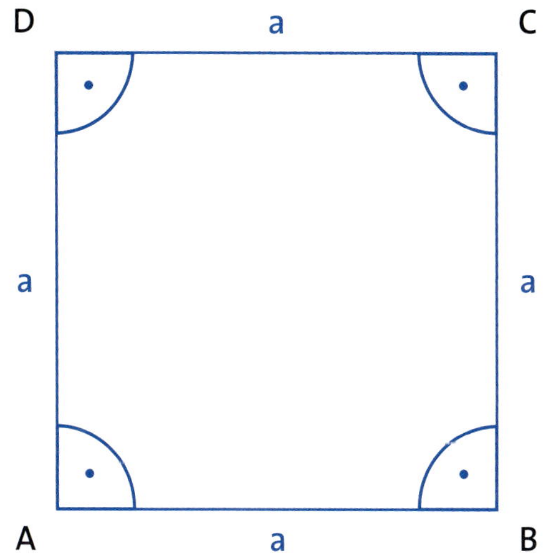

Der Umfang

Als Umfang bezeichnet man die Länge aller Seiten zusammen.

In Formeln wird Umfang mit U abgekürzt. Der Umfang eines Quadrats entspricht dem Vierfachen seiner Seitenlänge, also

$$U = a + a + a + a = 4 \cdot a$$

Die Fläche

Der Inhalt einer Fläche wird in mm^2, cm^2, dm^2, m^2 usw. angegeben (vgl. Seite 46).

Der Flächeninhalt eines Quadrats berechnet sich aus der Länge, multipliziert mit der Breite. Wie die Abbildung zeigt, hat ein Quadrat mit der Seitenlänge 4 cm die Fläche von

$$4\ cm \cdot 4\ cm = 16\ cm^2$$

In Formeln wird der Flächeninhalt mit dem Buchstaben A abgekürzt. Er steht für den englischen Ausdruck „area“.

Die Fläche des Quadrats berechnet man also mit dieser Formel:

$$A = a \cdot a = a^2$$

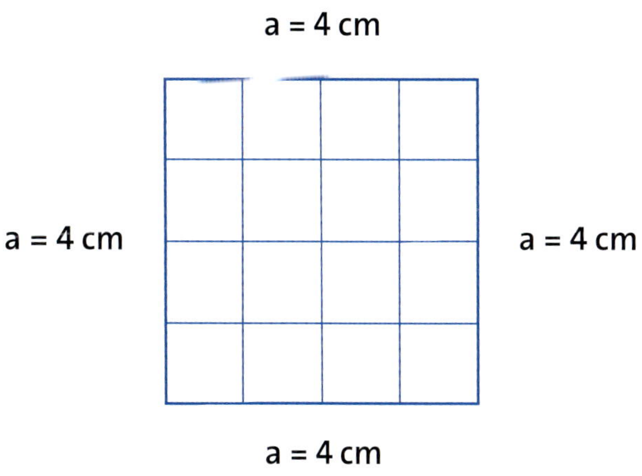

Die Summe der Winkel von Vierecken

Die Summe der Winkel im Quadrat beträgt $4 \cdot 90° = 360°$. Sie entspricht also genau der Gradzahl des Kreises. Diese Regel gilt für alle Vierecke: Die Summe der Winkel im Viereck beträg 360°.

Das Rechteck

Das Rechteck

Ein Rechteck ist ein Viereck mit vier rechten Winkeln, bei dem die gegenüberliegenden Seiten gleich lang sind.

Der Umfang

Der Umfang eines Rechtecks ergibt sich aus der Addition der Seiten, also:

$$U = 2 \cdot a + 2 \cdot b = 2 \cdot (a + b)$$

Die Fläche

Die Fläche des Rechtecks berechnet sich aus der Länge, multipliziert mit der Breite:

$$A = a \cdot b$$

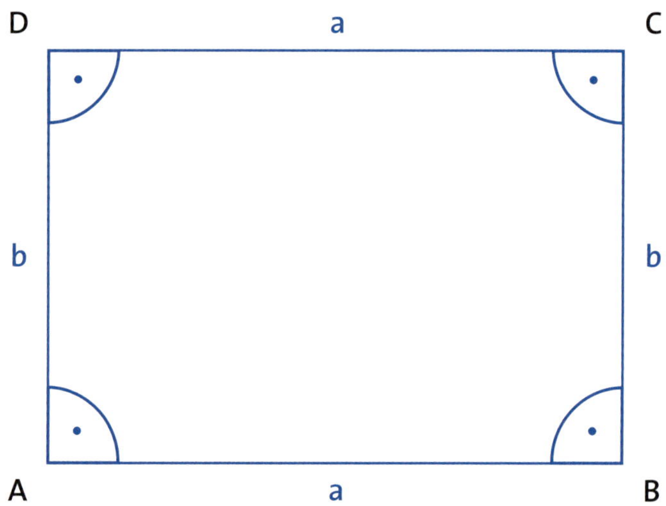

Das Parallelogramm

Das Parallelogramm

Zwei Strecken, die im gleichen Abstand voneinander verlaufen, so wie die Seiten eines Rechtecks nennt man **parallele Strecken**.

Es gibt Vierecke, deren Seiten parallel verlaufen, ohne dass sie rechte Winkel haben. Diese Vierecke nennt man **Parallelogramme**.

Der **Umfang eines Parallelogramms** ergibt sich wie beim Rechteck aus der Addition der Seitenlängen, also:

$$U = 2 \cdot a + 2 \cdot b = 2 \cdot (a + b)$$

Die Fläche eines Parallelogramms könnte man in die gleichgroße Fläche eines Rechtecks verwandeln, wenn man einen dreieckigen Teil abtrennt und an anderer Stelle anfügt, so wie hier:

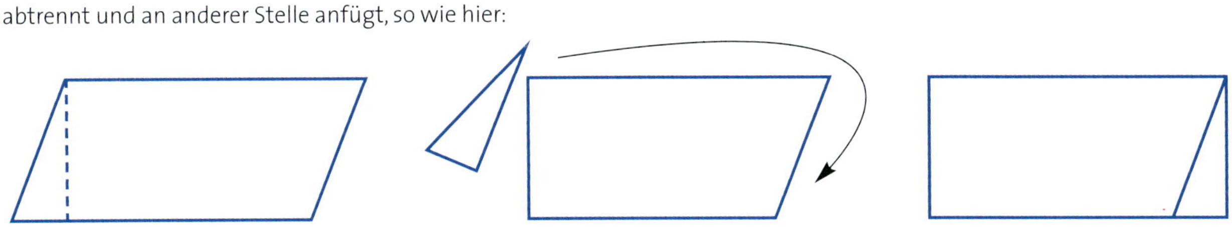

Daraus ergibt sich, dass man die **Fläche eines Parallelogramms** berechnen kann, indem man eine Seite mit der Höhe, dem Abstand zwischen den gegenüberliegenden Seiten, multipliziert.
Grundlinie mal Höhe – diese Wörter verbergen sich hinter den Buchstaben der **Formel für die Flächenberechnung des Parallelogramms**:

$$A = g \cdot h$$

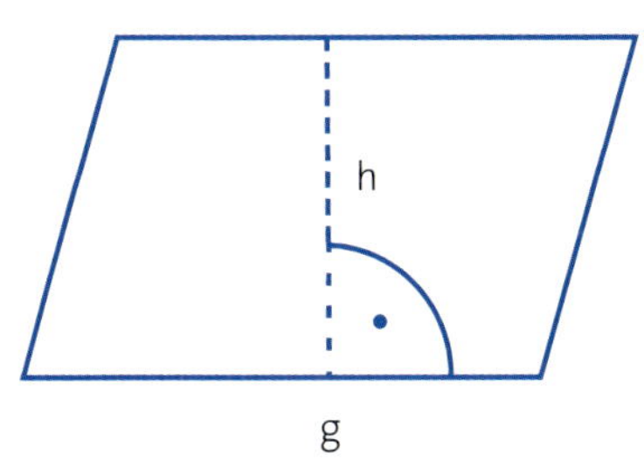

Raute und Trapez

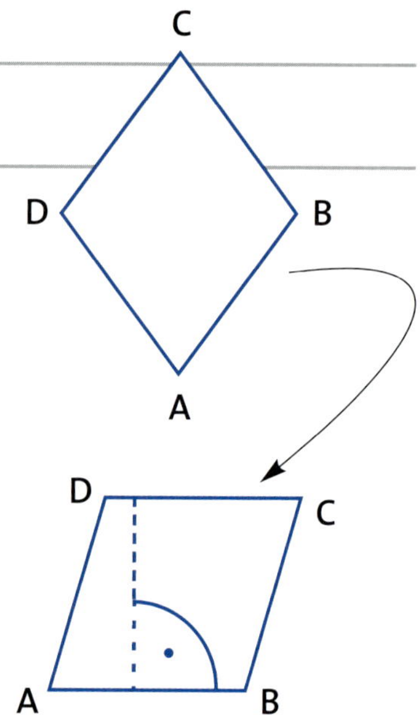

Die Raute (Rhombus)

Ein Viereck, das aus vier gleichen Seiten besteht, aber nicht rechtwinklig ist, wird **Raute** oder **Rhombus** genannt.
Den **Umfang der Raute** erhält man, wenn man die Seitenlänge mit 4 multipliziert – so wie beim Quadrat.
Rauten werden oft so dargestellt, dass sich der Punkt A alleine unten befindet. Man erkennt deshalb oft nicht, dass die Raute eigentlich eine Sonderform des Parallelogramms ist.
Die Regel für die Flächenberechnung des Parallelogramms gilt deshalb auch für die Raute:

$$A = g \cdot h$$

Das Trapez

Ein Trapez ist ein Viereck, bei dem zwei Gegenseiten parallel verlaufen, die anderen beiden Seiten jedoch nicht. Diese Formen sind zum Beispiel Trapeze:

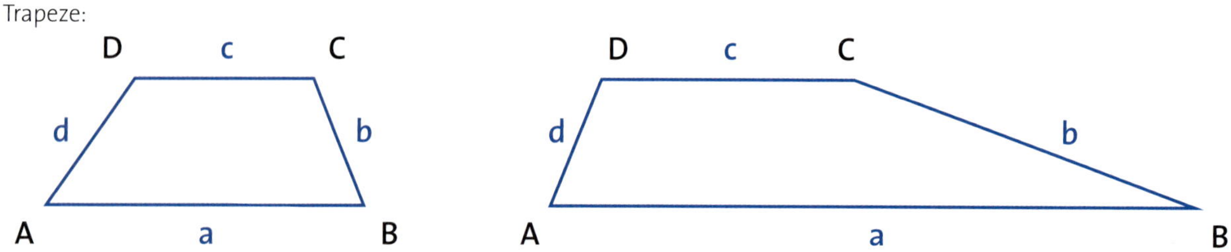

Da jede Seite des Trapezes unterschiedlich lang ist, werden auch alle Seiten einzeln mit kleinen Buchstaben benannt.
Der Umfang des Trapezes besteht daher aus der Addition aller Seitenlängen:

$$U = a + b + c + d$$

Wenn man ein Trapez verdoppelt, entsteht ein Parallelogramm, so wie hier:

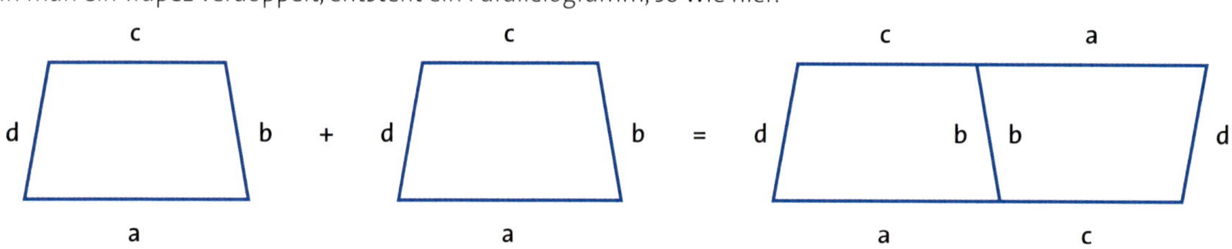

Daher heißt die **Formel für die Flächenberechnung des Trapezes:**

$$A = \frac{a + c}{2} \cdot h$$

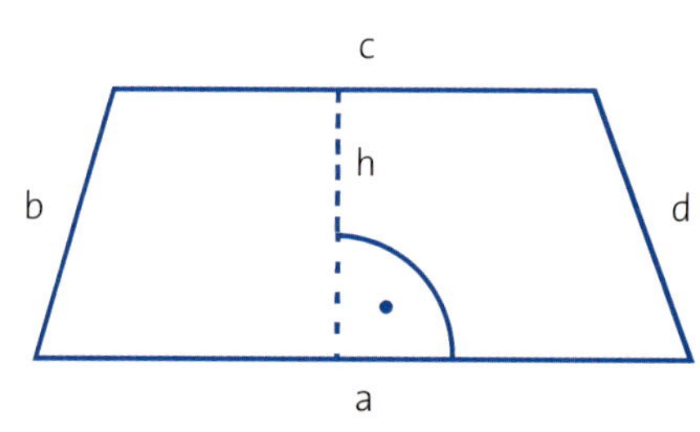

Das Dreieck

„Nur" ein Dreieck

Drei miteinander verbundene Punkte bilden ein **Dreieck**, wenn sie die Strecken AB, BC und CA bilden. Die Ecken des Dreiecks werden fast immer mit A, B und C bezeichnet. Dabei ist A die linke Ecke, die anderen Ecken folgen im Gegenuhrzeigersinn.
Die Seite, die einer Ecke gegenüberliegt, wird mit dem entsprechenden kleinen Buchstaben bezeichnet. Man nennt die Seiten des Dreiecks genauso wie die Seiten eines Winkels: **Schenkel**.
Die **Winkel** werden mit den griechischen Buchstaben α (alpha), β (beta) und γ (gamma) bezeichnet.

Der Winkel α liegt beim Punkt A,
der Winkel β liegt beim Punkt B,
der Winkel γ liegt beim Punkt C.

Die Summe der Winkelgrößen in einem Dreieck beträgt immer 180°.

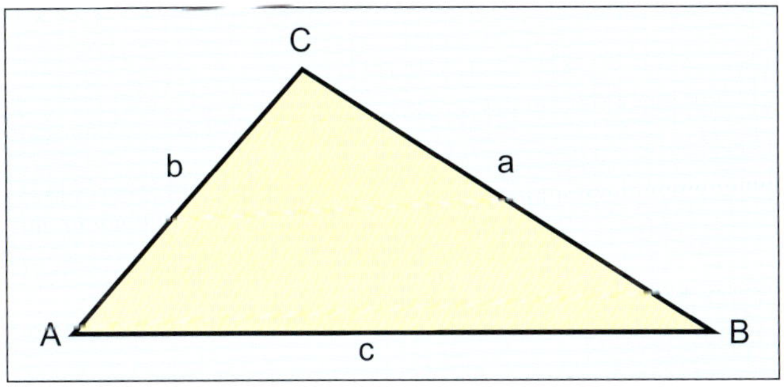

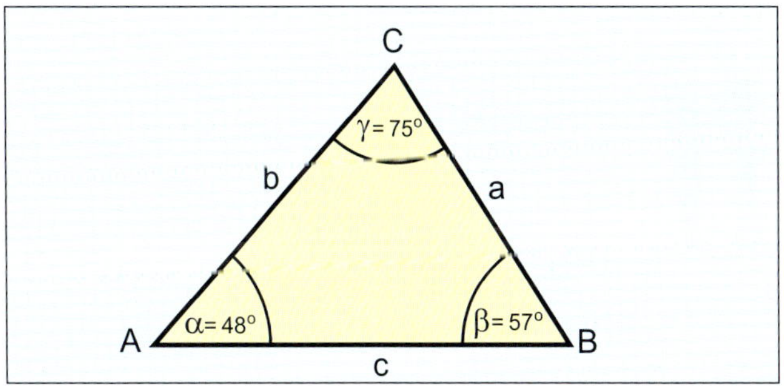

Dreiecksarten

Nach der Art ihrer Winkel und Seiten unterscheidet man **verschiedene Dreiecksarten**:

Spitzwinklige Dreiecke - kein Winkel ist größer als 90°.

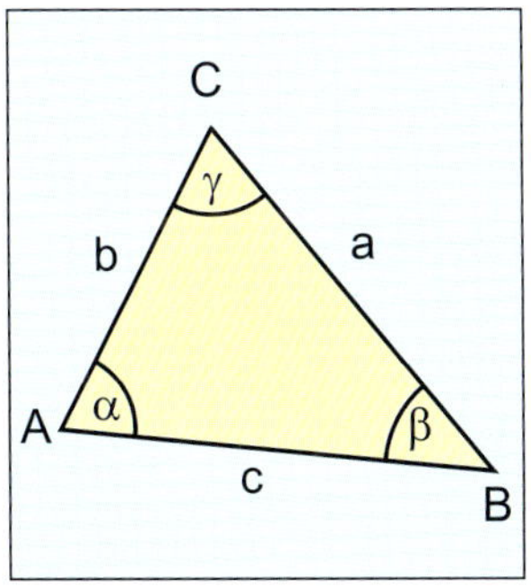

Stumpfwinklige Dreiecke – ein Winkel beträgt mehr als 90°.

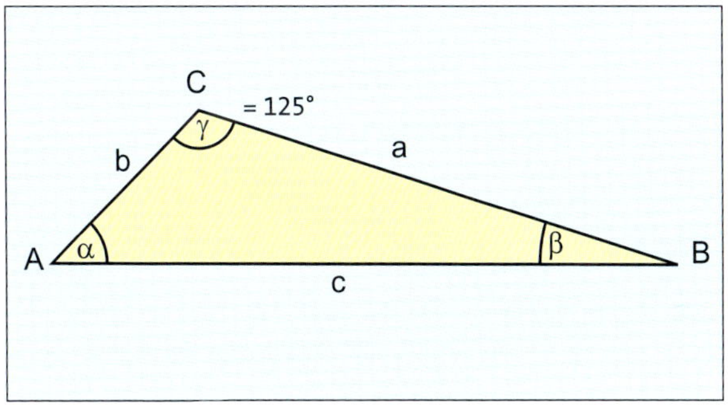

Das Dreieck

Rechtwinklige Dreiecke - ein Winkel beträgt genau 90°. Die Summe der beiden anderen Winkel beträgt deshalb ebenfalls 90°.

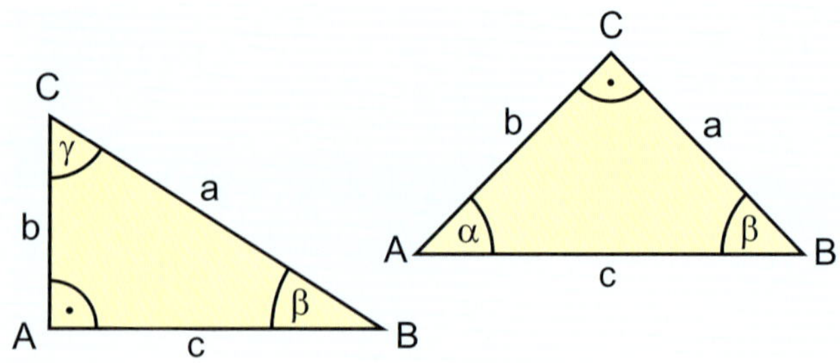

Gleichschenklige Dreiecke – zwei Schenkel sind gleich lang. Dadurch sind zwei Winkel gleich groß.

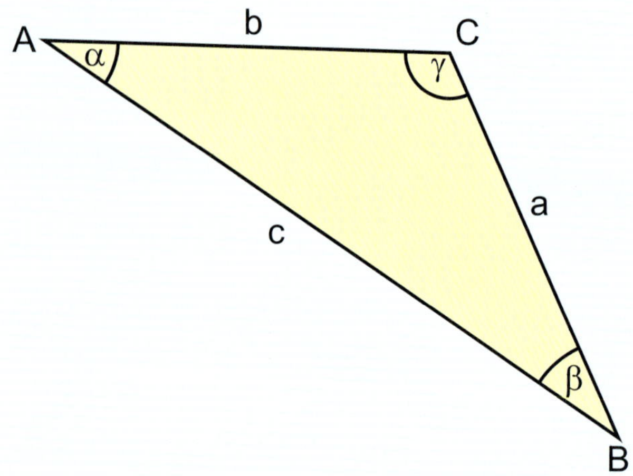

Gleichseitige Dreiecke – alle Schenkel sind gleich lang. Dadurch beträgt jeder Winkel 60°.

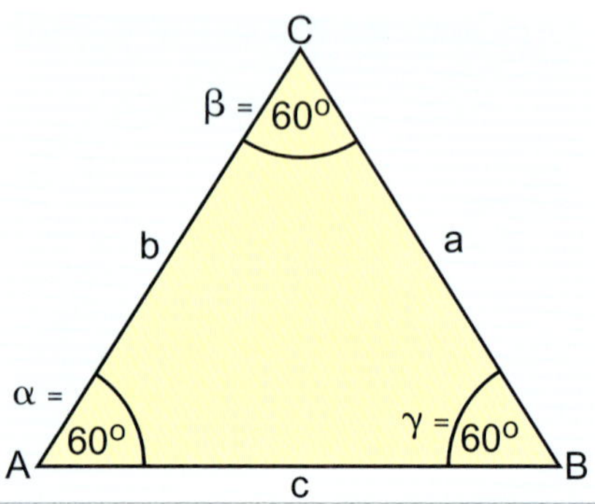

Flächenformel für das Dreieck

Jedes Dreieck kann als die Hälfte eines Parallelogramms angesehen werden. Das zeigt diese Zeichnung:

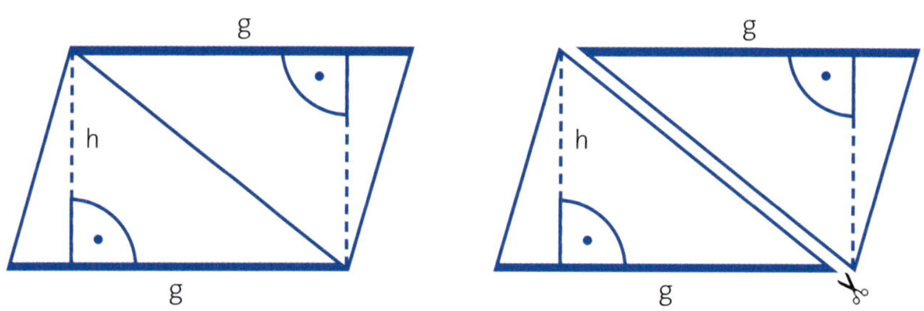

Die **Formel zur Berechnung der Fläche eines Dreiecks** leitet sich von der Formel für die Parallelogrammfläche ab und heißt daher:

$$A = \frac{1}{2}\, g \cdot h = \frac{g \cdot h}{2}$$

Die Höhe des Dreiecks ist dabei jene Linie, die eine Seite senkrecht, also im rechten Winkel, mit dem gegenüberliegenden Punkt verbindet. Für die Flächenberechnung des Dreiecks kann jede Seite als „g" angenommen werden, wenn „h" die dazugehörige Höhe ist.

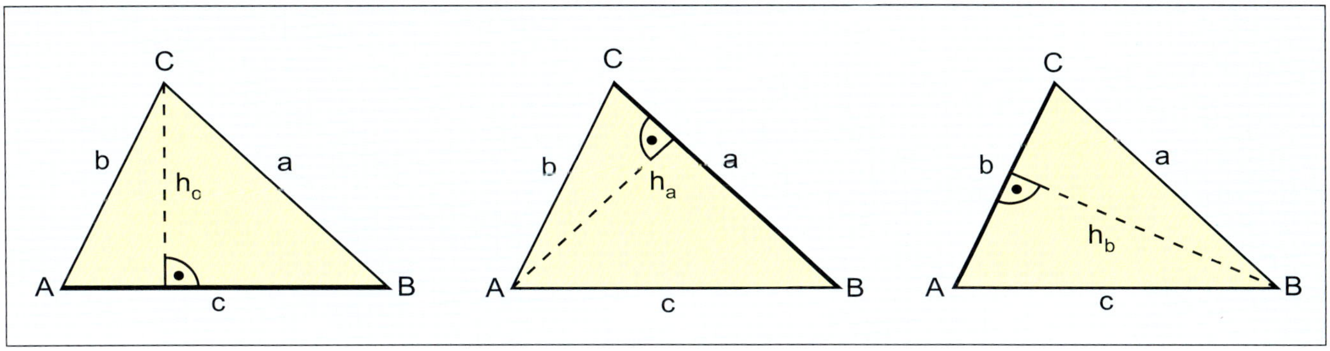

Manche Höhen können nur mit einer Hilfslinie, der Verlängerung der Grundlinie, bestimmt werden:

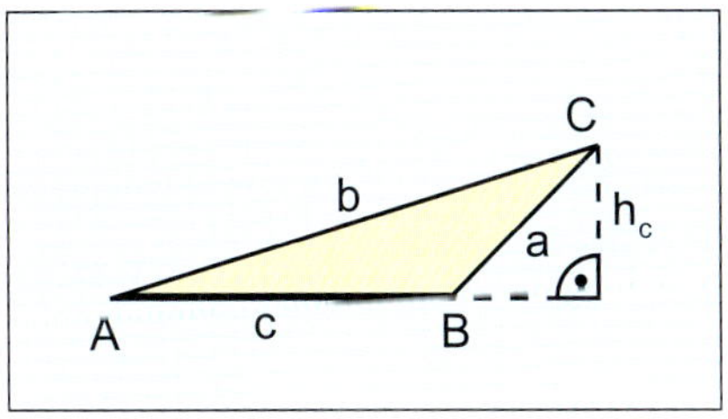

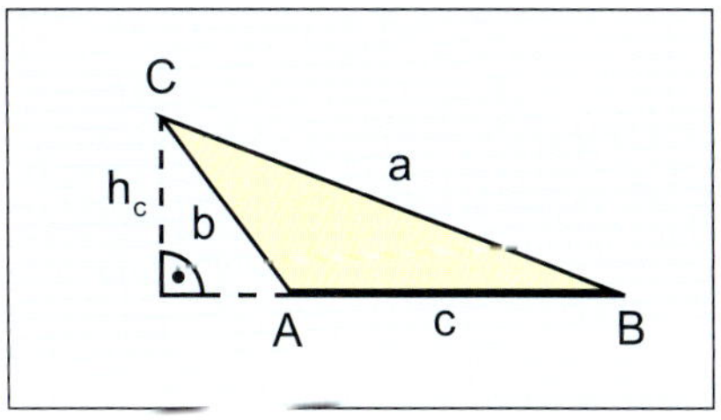

Rechtwinklige Dreiecke und ihre Flächenformel

Rechtwinklige Dreiecke sind etwas Besonderes. Ihren Seiten hat man eigene Namen gegeben:
Die beiden Seiten, die die Schenkel des rechten Winkels bilden, nennt man **Katheten**. Die gegenüberliegende Seite wird **Hypotenuse** genannt. Fast immer werden rechtwinklige Dreiecke so abgebildet, dass der Winkel γ als rechter Winkel erscheint.
Der Flächeninhalt eines rechtwinkligen Dreiecks ergibt sich nach der bekannten Formel. Man kann ihn aber auch berechnen, indem man die Hälfte des Produktes der Seiten a und b berechnet – denn ein rechtwinkliges Dreieck ist immer die Hälfte eines Rechtecks! Die Formel heißt dann:

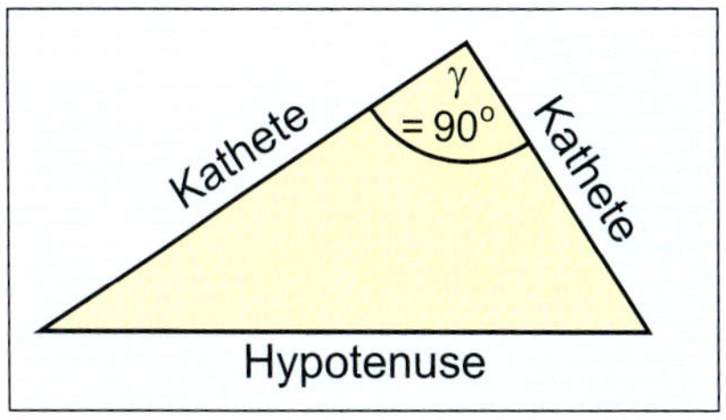

$$A = \frac{1}{2} a \cdot b = \frac{a \cdot b}{2}$$

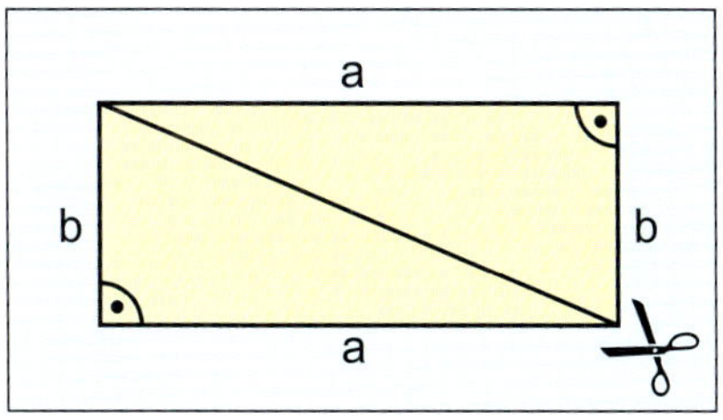

Der Kreis

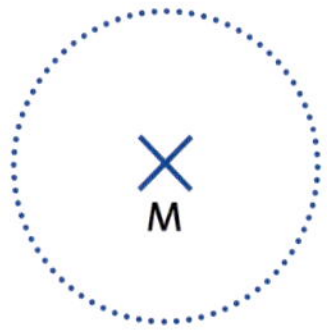

Es gibt eine unendliche Menge von Punkten, die von einem Punkt M aus den gleichen Abstand haben.
Hier sind nur einige wenige dieser Punkte um den Punkt M herum aufgezeichnet, ungefähr 60. Man sieht sofort: Sie bilden einen **Kreis**.

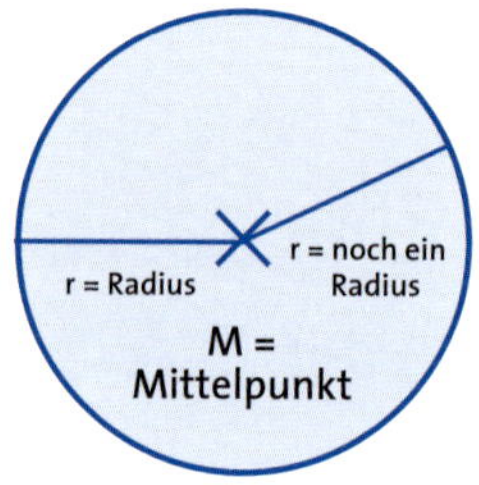

Die Kreislinie ist die Linie, auf der **alle** Punkte liegen, die vom Punkt M den gleichen Abstand haben.
Den Punkt M nennt man den **Mittelpunkt des Kreises**. Der Abstand wird **Radius** (Plural = Radien) genannt und mit dem kleinen Buchstaben „r" abgekürzt. Jede Strecke, die den Punkt M mit einem Punkt des Kreises verbindet, wird ebenfalls als Radius bezeichnet. Ein Kreis hat also unendlich viele Radien.

Geraden und Kreis

Geraden, die in einem bestimmten Verhältnis zu einem Kreis stehen, haben jeweils eine besondere Bezeichnung:

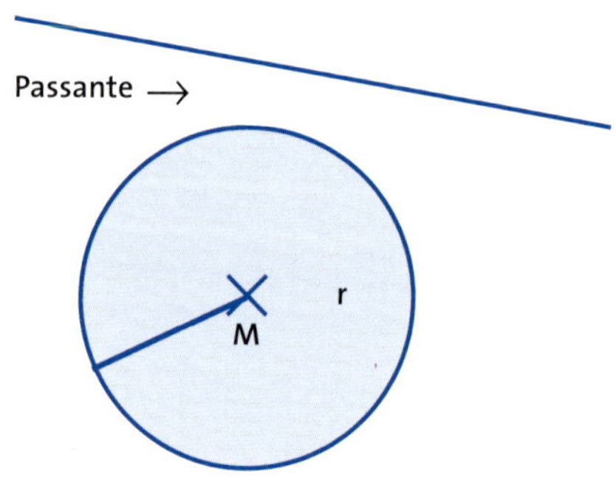

Eine Gerade, die an einem Kreis vorbeiläuft, ohne ihn zu berühren, nennt man eine **Passante**.

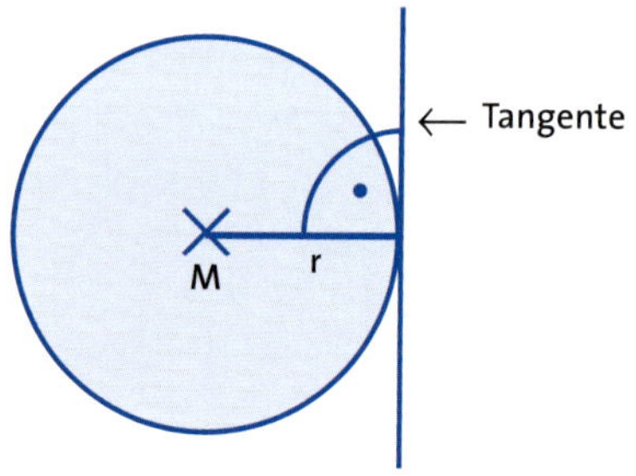

Eine Gerade, die den Kreis nur in einem Punkt berührt, nennt man eine **Tangente**. Jede Tangente steht senkrecht zu einem Radius, sie bildet also einen rechten Winkel mit einem Radius.

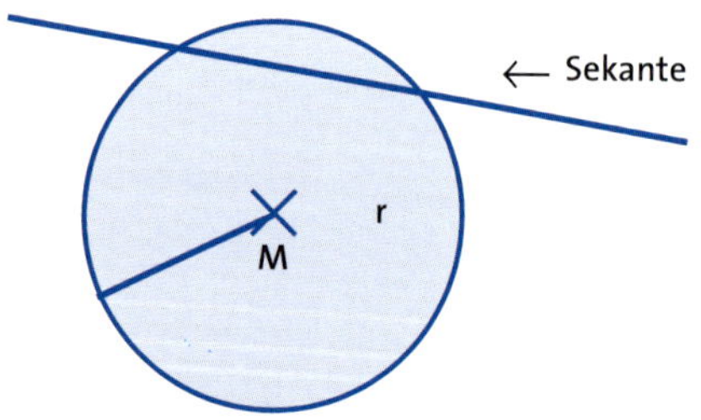

Eine Gerade, die den Kreis durchläuft, nennt man eine **Sekante**.

Kreislinie und Kreisfläche

Umgangsprachlich wird oft nicht unterschieden, ob man mit dem Wort „Kreis“ die **Kreislinie** oder die **Kreisfläche** meint. Im Zweifelsfall sollte man deshalb genau sein:
Die **Kreislinie** ist die Linie, auf der sämtliche Punkte liegen, die vom Punkt M gleichweit entfernt sind. Die Länge dieser Kreislinie ist der Umfang des Kreises (vgl. Seite 84).
Die **Kreisfläche** ist die Fläche, die von der Kreislinie umschlossen wird. Wie man sie berechnet, wird auf Seite 85 beschrieben.

Abschnitte und Ausschnitte des Kreises

Eine Sekante teilt die Kreisfläche in zwei Abschnitte. Diese Abschnitte werden **Segmente** genannt.
Genauso wird die Kreislinie durch eine Sekante in zwei Teile geteilt. Diese beiden Teile werden **Kreisbögen** genannt.

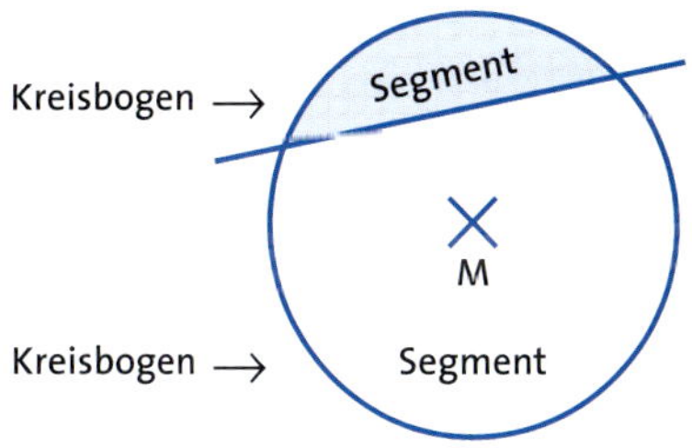

Zwei Radien bilden einen Winkel. Innerhalb und außerhalb dieses Winkels liegt jeweils ein bestimmter Ausschnitt des Kreises. Man nennt ihn **Sektor**.

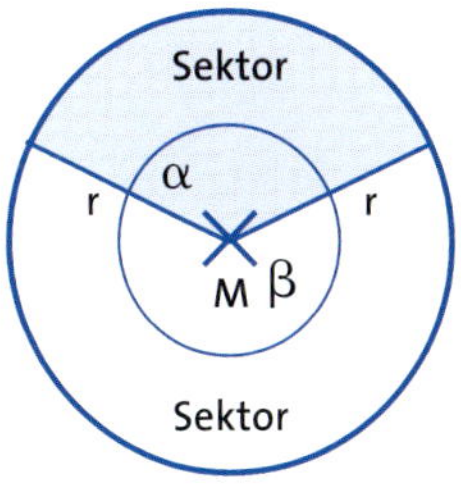

Wenn zwei Kreise einen gemeinsamen Mittelpunkt haben, liegt zwischen ihnen eine gemeinsame Fläche. Diese Fläche wird als **Kreisring** bezeichnet.

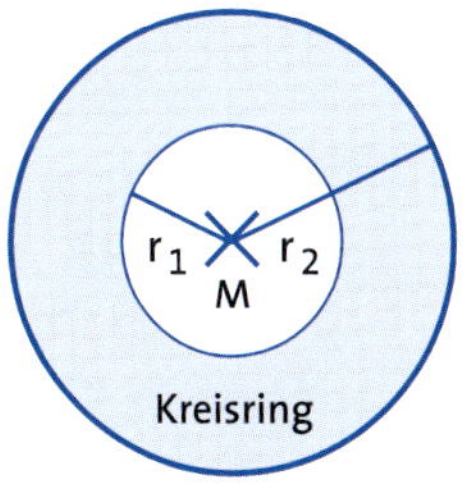

3,1415926535 ...

Die Kreiszahl: Pi

Flächen- und Umfangberechnung – wie exakt sind sie möglich?

Bei Vierecken und Dreiecken sind die Berechnungen von Umfang und Fläche kaum ein Problem. Wenn man die Formeln dafür einmal kennt und richtig anwendet, ist das Ergebnis, das man erhält, völlig exakt.
Wie berechnet man aber ganz genau die Fläche eines Kreises und seinen Umfang? Diese Frage stellen sich die Mathematiker seit Jahrtausenden, und fast ebenso lange sind sie sich sicher: Ganz exakt geht es nicht. Aber doch ziemlich exakt!

Eine der interessantesten Zahlen überhaupt: Die Kreiszahl Pi

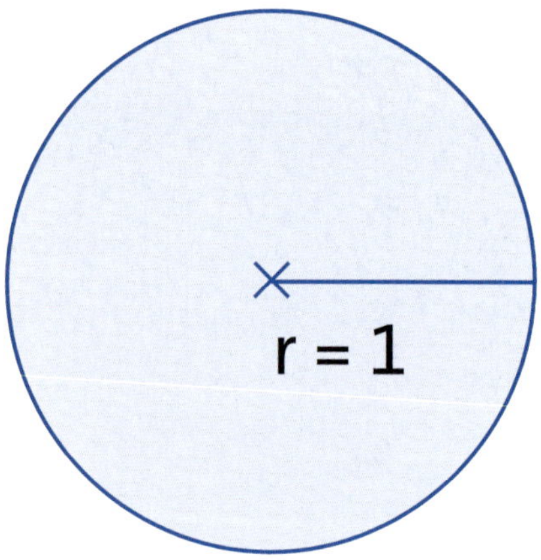

Umfang und Fläche des Kreises wären ganz leicht zu berechnen, wenn man den Kreis in ein Quadrat umwandeln könnte. Um diese Aufgabe haben sich viele Mathematiker bemüht. Heute weiß man: Sie ist unmöglich zu lösen. Deshalb vergleicht man unlösbare Aufgaben oft mit der „Quadratur des Kreises".
Sehr früh aber hat man schon brauchbare Werte für die so genannte „Kreiszahl" gefunden. Das ist die Zahl, die angibt, welche Fläche ein Kreis hat, wenn der Radius 1 ist. Diese Kreiszahl bezeichnet man mit dem griechischen Buchstaben π. Er wird Pi ausgesprochen. π hat den Wert, dessen erste zehn Stellen nach dem Komma oben im Kasten stehen. Dieser Wert drückt aus:
Ein Kreis mit dem Radius r = 1 cm hat die Fläche $\pi = 3{,}1415926535 \ldots \text{cm}^2$.
Und weil die meisten Stellen hinter dem Komma sehr winzige Bruchteile angeben, reicht es, wenn man sich merkt: $\pi = 3{,}14$

Die Kreiszahl Pi – ermittelt beim Dartsspiel

Die Fläche eines Kreises verhält sich zur Fläche eines Quadrats, das den Kreis umgibt, wie: π : 4.
Deshalb kann man π auch beim Dartspiel ermitteln.
Die Anzahl der Treffer, die im Kreis landen, wird durch die Anzahl aller Treffer geteilt, die auf der Scheibe landen, und dann mit 4 multipliziert.
Je öfter man wirft, um so genauer wird das Ergebnis.
Bei etwa 5.000 Würfen bekommt man meist schon den völlig richtigen Anfang 3,14 als Ergebnis. Viel Spaß!

Kreisberechnungen

Umfang des Kreises

Der Umfang des Kreises ist die Länge der Kreislinie. Man berechnet ihn mit der Formel:

$$U = 2\pi \cdot r$$

Bei einem Kreis mit dem Radius r = 2,7 cm würde man den Umfang also so berechnen:

$$U = 2 \cdot 3{,}14 \cdot 2{,}7\ \text{cm} = 16{,}956\ \text{cm} \approx 16{,}96\ \text{cm}$$

Fläche des Kreises

Die Formel zur Berechnung der Kreisfläche lautet:

$$A = \pi \cdot r^2$$

Bei einem Kreis mit dem Radius r = 4,8 cm berechnet man die Fläche demnach so:

$$A = 3{,}14 \cdot (4{,}8\ \text{cm})^2 = 3{,}14 \cdot 23{,}04\ \text{cm}^2 = 72{,}3456\ \text{cm}^2 \approx 72{,}35\ \text{cm}^2$$

Länge eines Kreisbogens

Ein Kreisbogen b wird durch einen Winkel vom restlichen Umfang des Kreises abgetrennt. Deshalb verhält sich der Kreisbogen zum Gesamtumfang wie dieser Winkel zur gesamten Gradzahl des Kreises (= 360°). Der Winkel wird in der Formel mit dem griechischen Buchstaben φ (Phi) bezeichnet. Innerhalb dieser Formel kann man kürzen.

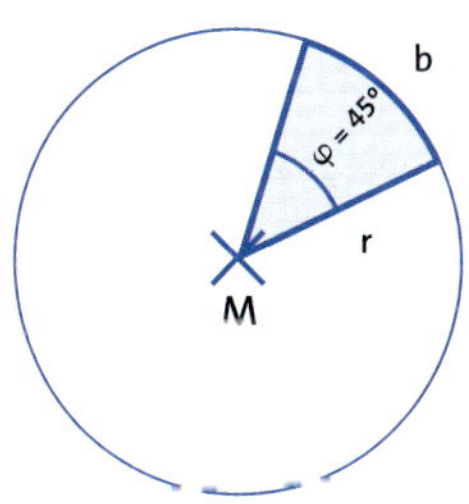

$$b = \frac{2\pi \cdot r \cdot \varphi}{360°} = \frac{\pi \cdot r \cdot \varphi}{180°}$$

Bei einem Kreis mit dem Radius r = 3 cm und dem Winkel $\varphi = 45°$ errechnet sich der Kreisbogen also so:

$$b = \frac{3{,}14 \cdot 3 \cdot 45°}{180°}\ \text{cm} = 2{,}355\ \text{cm} \approx 2{,}36\ \text{cm}$$

Fläche eines Kreissektors

Die Fläche eines Kreissektors verhält sich zur Gesamtfläche des Kreises wie der Winkel des Sektors zur gesamten Gradzahl des Kreises von 360°. Daher lautet die **Formel für die Berechnung der Fläche eines Kreissektors:**

$$A = \frac{\pi \cdot r^2 \cdot \varphi}{360°}$$

Bei einem Kreis mit dem Radius r = 3 cm und dem Winkel $\varphi = 45°$ beträgt die Sektorfläche also:

$$A = \frac{3{,}14 \cdot 3^2 \cdot 45°}{360°}\ \text{cm}^2 = \frac{3{,}14 \cdot 9 \cdot 45°}{360°}\ \text{cm}^2 = 3{,}5325\ \text{cm}^2 \approx 3{,}53\ \text{cm}^2$$

Fläche eines Kreisrings

Die Fläche eines Kreisrings errechnet man, indem man die Fläche des kleineren Kreises von der Fläche des größeren Kreises abzieht, also

$$A = (\pi \cdot r_1^2) - (\pi \cdot r_2^2)$$
$$A = \pi \cdot (r_1^2 - r_2^2)$$

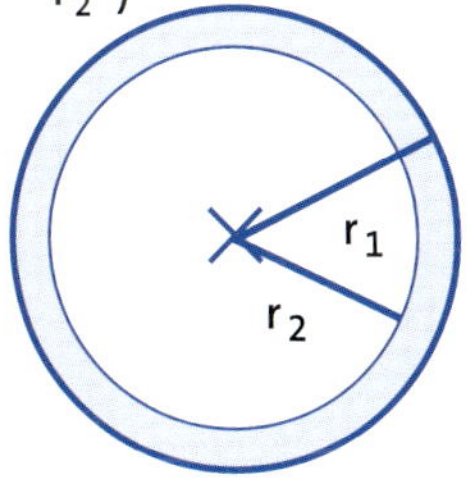

Geometrische Körper

Schöne Körper ...

Geometrische Körper ...

Unendlich viele Körper

Bei geometrischen Körpern wird jeweils ein bestimmter Raum durch eine Anzahl ebener oder gekrümmter Flächen begrenzt. Die Gesamtheit der Begrenzungsflächen nennt man die **Oberfläche des Körpers**, der umschlossene Raum ist das **Innere des Körpers**. Solche geometrischen Körper sind in unendlich vielen verschiedenen Formen denkbar – der umfasste Raum und die völlig unregelmäßige Oberfläche eines benutzten Kaugummis bilden genauso einen geometrischen Körper wie Raum und Oberfläche einer Kugel, die in ihrer Regelmäßigkeit durch nichts mehr zu übertreffen ist.

Regelmäßige geometrische Körper

Berechnungen an regelmäßigen geometrischen Körpern spielen in der Mathematik eine große Rolle. Für solche Körper gibt es besondere Bezeichnungen. Jeder der hier abgebildeten Körper ist ein **Prisma** (Mehrzahl = Prismen). So nennt man geometrische Körper, bei denen zwei gleiche Flächen parallel gegenüberliegen und von Parallelogrammen als Seitenflächen begrenzt werden. Die Sonderform eines Prismas ist der **Zylinder**.

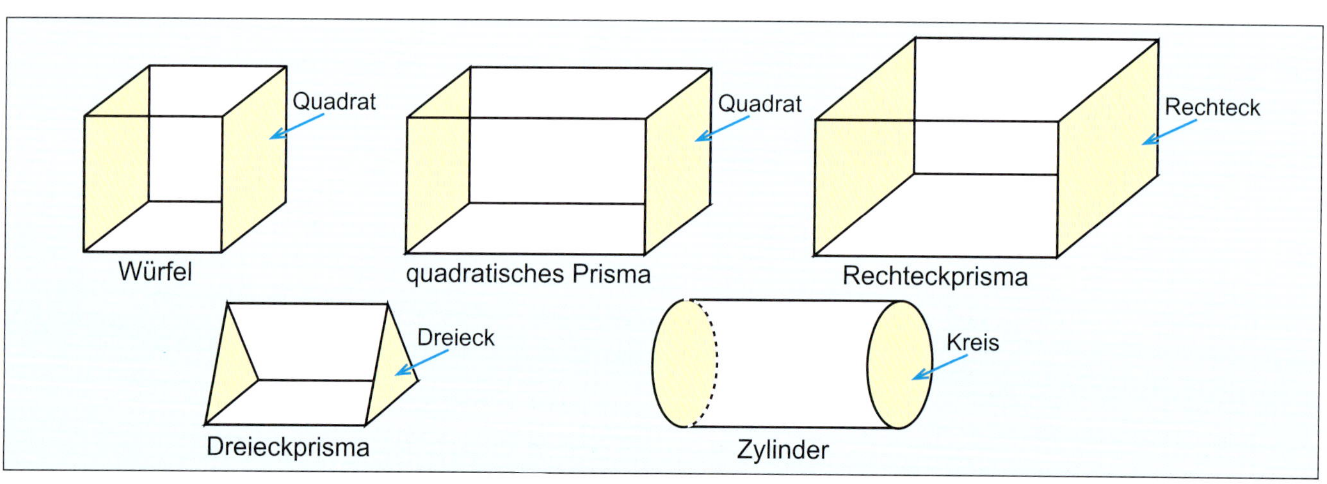

Die Oberfläche von rechteckigen Prismen

Deckflächen und Mantel

Die Oberfläche jedes Prismas setzt sich zusammen aus zwei gleichen Flächen, die man **Grundflächen** nennt, und dem übrigen Teil, den man sich aufgeklappt als Rechteck vorstellen kann. Er wird **Mantel** genannt.

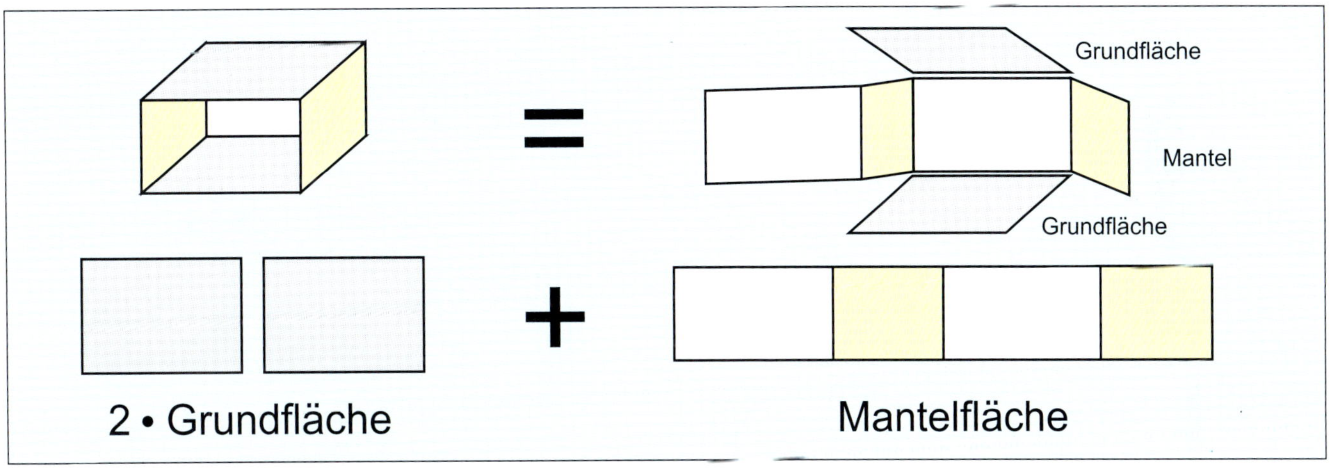

Die **Oberfläche eines rechtwinkligen Prismas** besteht also aus dem Doppelten der Grundfläche sowie der Mantelfläche, die man errechnet, indem man den Umfang der Grundfläche mit der Höhe multipliziert.

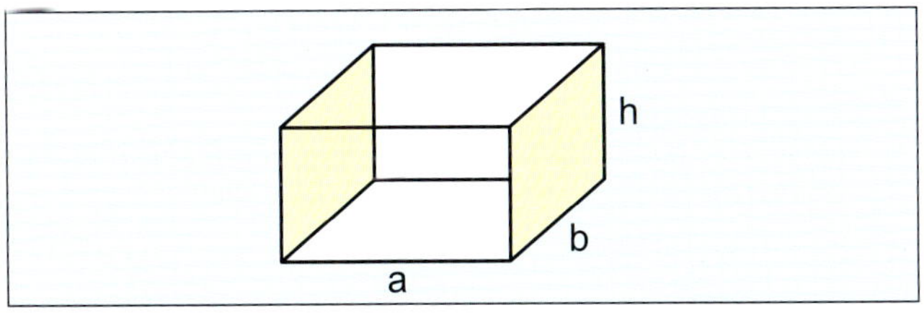

A_M = Mantelfläche
$A_M = 2 \cdot (a + b) \cdot h$
A_O = Oberfläche
$A_O = A_M + 2 \cdot a \cdot h$
$A_O = 2 \cdot (a + b) \cdot h + 2 \cdot a \cdot b$

Da ein **Würfel** sechs gleiche Seiten hat, ist seine Oberfläche mit einer einfacheren Formel schneller auszurechnen:

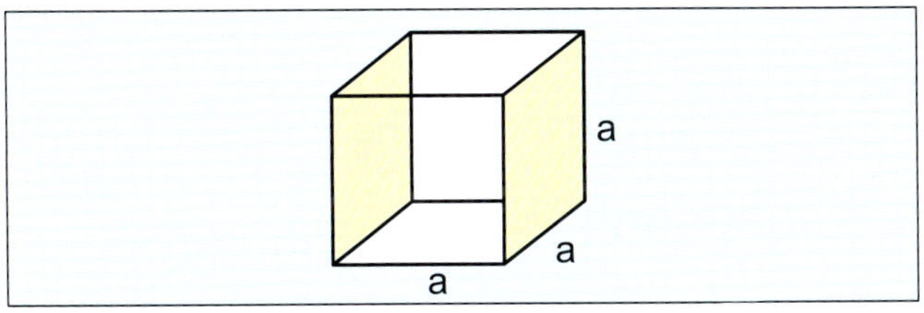

$A_M = 4 \cdot a^2$
$A_O = 6 \cdot a^2$

Auch die Oberfläche des **quadratischen Prismas** kann mit einer einfacheren Formel berechnet werden:

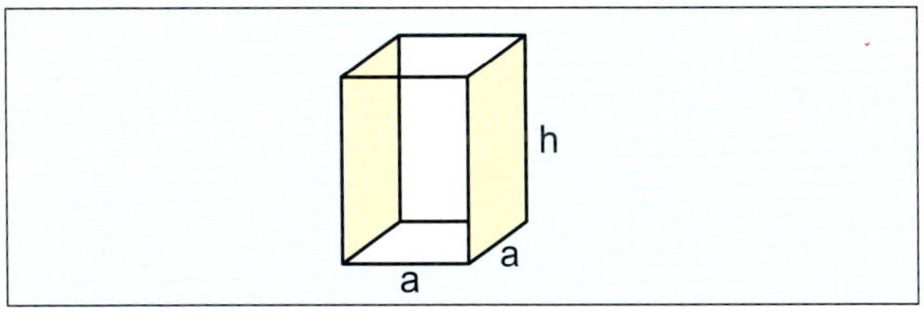

$A_M = 4 \cdot a \cdot h$
$A_O = A_M + 2 \cdot a^2$
$A_O = 4 \cdot a \cdot h + 2 \cdot a^2$

Die Oberfläche von Zylindern und Dreieckprismen

Oberfläche des Zylinders

Einen Zylinder kann man genau wie die rechtwinkligen Prismen in zwei Grundflächen und eine Mantelfläche zerlegen:

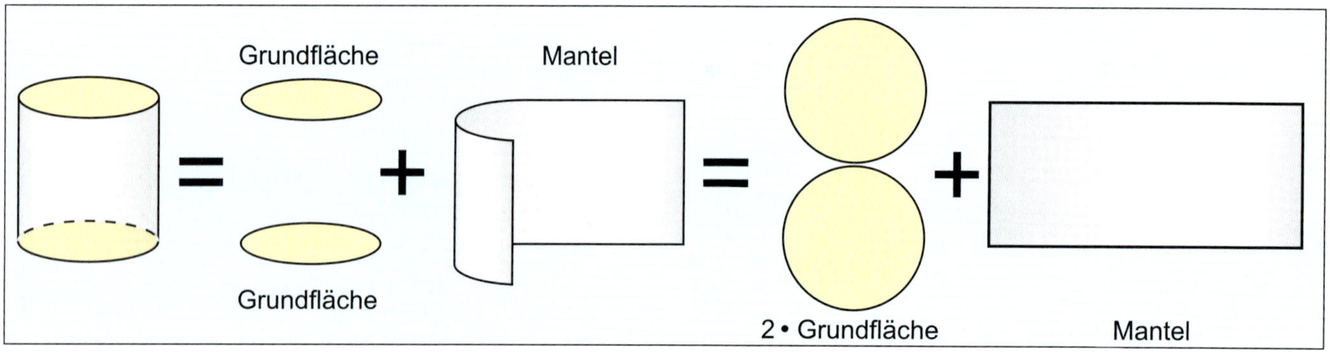

Zur Berechnung der Oberfläche eines Zylinders muss also der Radius der Kreisflächen und die Höhe des Zylinders bekannt sein. Mit den Kreisformeln zur Berechnung des Umfangs und der Fläche eines Kreises (vgl. Seite 85) ergeben sich dann diese Formeln:

$$A_M = h \cdot 2 \cdot \pi \cdot r$$
$$A_O = A_M + 2 \cdot \pi \cdot r^2$$
$$A_O = h \cdot 2 \cdot \pi \cdot r + 2 \cdot \pi \cdot r^2 = 2 \cdot \pi \cdot r \cdot (h + r)$$

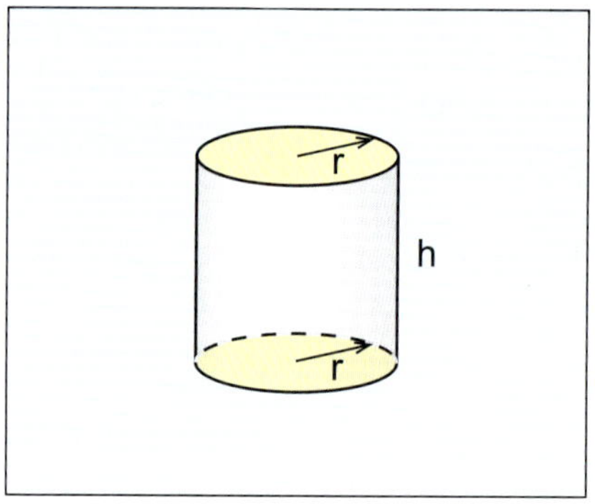

Die Oberfläche von Dreieckprismen

Bei der Berechnung der Oberfläche von Dreieckprismen müssen die Länge **l** des Prismas, die drei Seiten **g**, **b**, **c** der Dreiecks-Grundfläche und die Höhe **h** bekannt sein. Dann ergeben sich die folgenden Berechnungsformeln:

$$A_M = (g + b + c) \cdot l$$
$$A_O = A_M + 2\frac{g \cdot h}{2} = A_M + g \cdot h$$
$$A_O = (g + b + c) \cdot l + g \cdot h$$

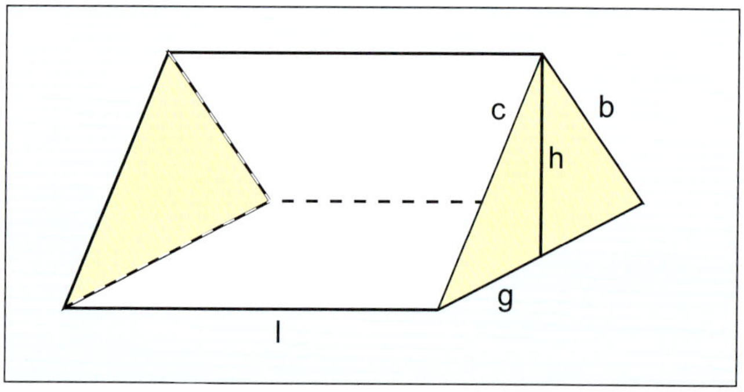

Das Volumen von Rechteckprismen

Der Rauminhalt von geometrischen Körpern

Bei Flächenangaben, die zur Oberflächenberechnung gemacht werden, stellt man sich vor, dass die Fläche mit Einheitsquadraten gefüllt wird (meist als cm^2 oder m^2 angegeben). Entsprechend stellt man sich den Rauminhalt von geometrischen Körpern wie das Ausfüllen des Raums mit Einheitswürfeln vor (vgl. Seite 46).
Das kann man sich beim Betrachten eines Rechteckprismas besonders gut vorstellen.

In der unteren Schicht sind 4 • 3 Einheitswürfel, also 12 Einheitswürfel. In der Höhe haben zwei Schichten Platz. Also sind in dem Rechteckprisma 2 • 12 Einheitswürfel = 24 Einheitswürfel enthalten.

Den Rauminhalt bezeichnet man als **Volumen**. Man kürzt ihn in Formeln mit dem Buchstaben „V“ ab. Aus der Abbildung oben ergibt sich, dass sich das Volumen eines Rechteckprismas errechnen lässt, wenn man die Grundfläche ausrechnet und mit der Höhe multipliziert. Das führt zur allgemeinen Formel für die Volumenberechnung:

Volumen = Fläche • Höhe $\qquad V = A \cdot h$

Für ein **allgemeines Rechteckprisma** lautet die Formel deshalb:

$V = a \cdot b \cdot h$

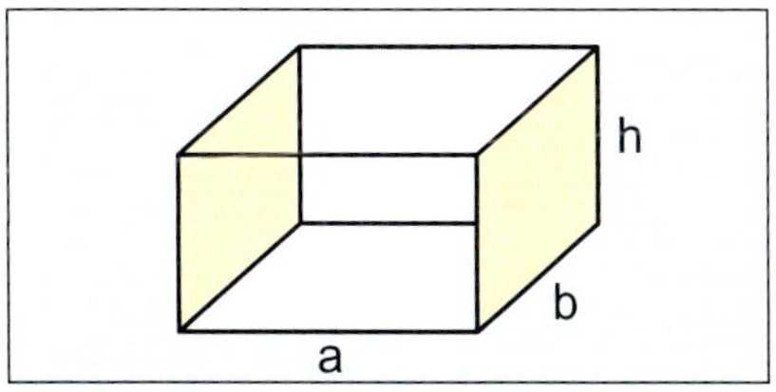

Für ein **quadratisches Prisma** kann man das Volumen so berechnen:

$V = a^2 \cdot h$

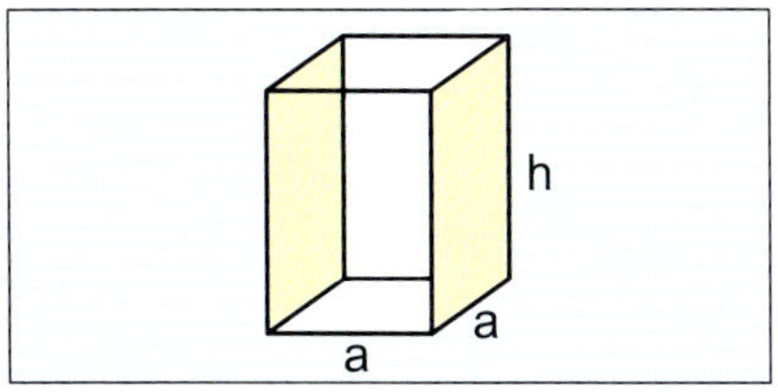

Beim **Würfel** ist die Höhe gleich den Grundseiten.
Daher kann man hier diese Formel verwenden:

$V = a^3$

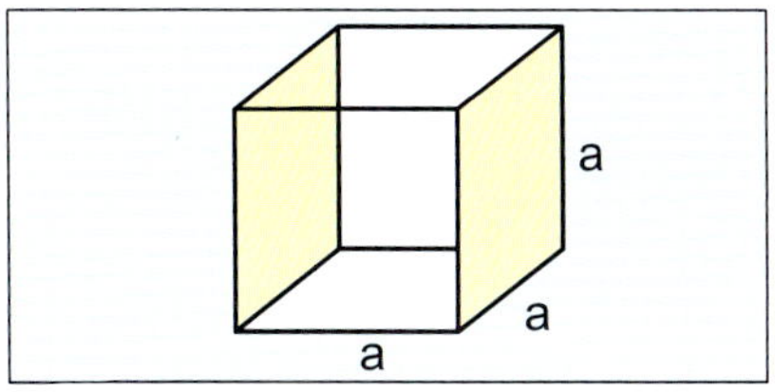

Das Volumen von weiteren Prismen

Weitere Prismen

Das Volumen sämtlicher Prismen kann nach der Formel

Volumen = Fläche des Prismas • Höhe des Prismas = A • h

berechnet werden. Manchmal tauchen allerdings in den Formeln andere Buchstaben auf, so wie bei der Volumenberechnung des Dreieckprismas und des trapezförmigen Prismas.

Das Volumen des Dreieckprismas

Das Volumen des Dreieckprismas wird ebenso wie das Volumen des trapezförmigen Prismas berechnet, indem man die Grundfläche mit der Höhe multipliziert.
Weil aber schon bei der Berechnung der Grundfläche des Dreiecks die Abkürzung „h" für die Höhe des Dreiecks verwendet werden muss, erscheint die Höhe des Prismas in der Formel mit dem Buchstaben „l" für Länge.

$$V = \frac{g \cdot h}{2} \cdot l$$

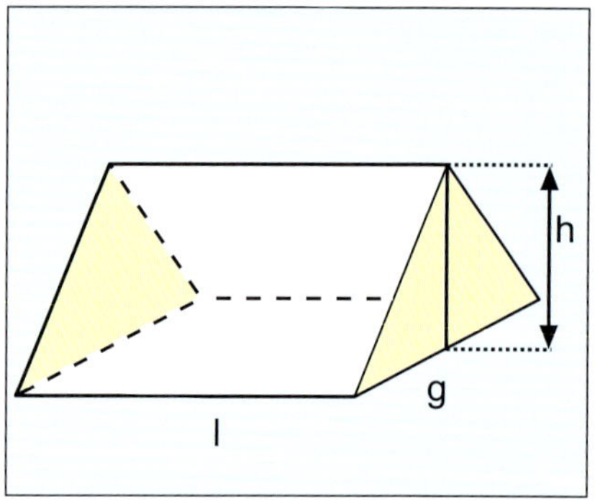

Das Volumen des trapezförmigen Prismas

Zur Berechnung des Volumens wird die Flächenformel des Trapezes verwendet. Hier erscheint die Höhe „h" als Höhe des Trapezes, so dass die Höhe des Prismas wiederum mit „l" – für Länge – bezeichnet wird.

$$V = \frac{a + b}{2} \cdot h \cdot l$$

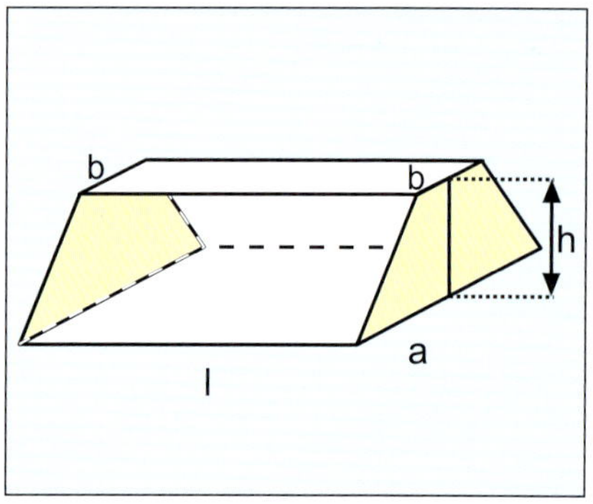

Das Volumen des Zylinders

Zur Berechnung des Volumens eines Zylinders muss der Radius der Grundfläche und die Höhe des Zylinders bekannt sein.
Dann ergibt sich unter Verwendung der Flächenformel des Kreises:

$$V = \pi \cdot r^2 \cdot h$$

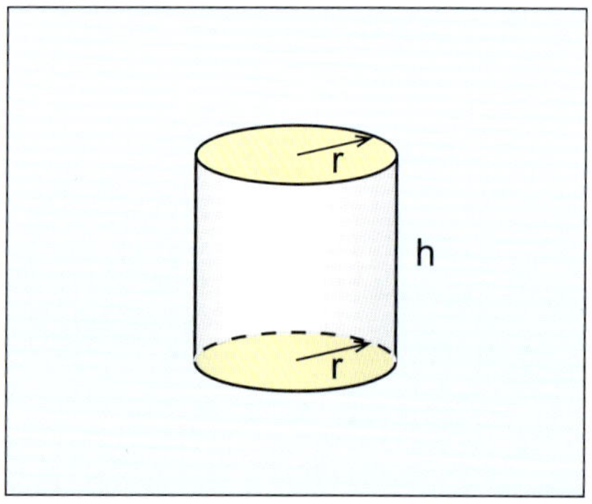

Volumen von Pyramide und Kegel

Pyramiden

Geometrische Körper nennt man **Pyramiden**, wenn bei ihnen alle Punkte einer Grundfläche mit einem einzigen anderen Punkt außerhalb dieser Fläche verbunden sind, dem **Höhenpunkt**.
Man spricht von **regelmäßigen Pyramiden**, wenn die Grundfläche regelmäßig ist. Bei einer **geraden Pyramide** liegt der Höhenpunkt genau über der Mitte der regelmäßigen Grundfläche. Wenn das nicht der Fall ist, spricht man von einer **schiefen Pyramide**.

Das Volumen einer Pyramide berechnet man mit der Formel:

$$V = A \cdot \frac{h}{3} = \frac{A \cdot h}{3}$$

Zur Berechnung muss man also für „A“ die jeweilige Flächenformel heranziehen, je nachdem welche Form die Grundfläche hat (z.B. Dreieck, Rechteck, Trapez usw.).

Kegel

Die Sonderform einer Pyramide, bei der die Grundfläche ein Kreis ist, nennt man einen **Kegel**. Es gibt gerade und schiefe Kegel.
Das Kegelvolumen wird genauso berechnete wie das Pyramidenvolumen, also:

$$V = A \cdot \frac{h}{3} = \frac{\pi \cdot r^2 \cdot h}{3}$$

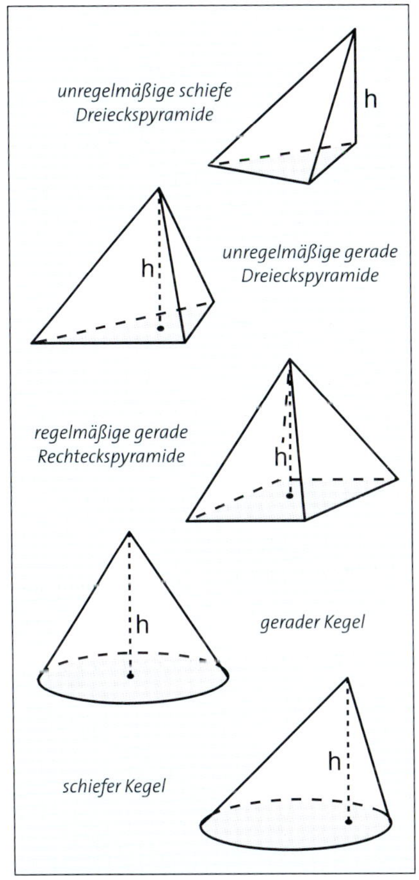

Pyramiden – ein Weltwunder
Die Grabmäler altägyptischer Pharaonen sind die bekanntesten Pyramiden der Welt. Sie galten schon im Altertum als eines der sieben Weltwunder.
Die größte von ihnen ist die Cheopspyramide. Ihre Grundfläche ist quadratisch. Sie ist im Laufe der Jahrtausende etwas zusammengesackt. Ursprünglich war sie 146,6 m hoch. Mit einer Seitenlänge von 227 m betrug ihr Volumen damals

$$V = A \cdot \frac{h}{3} = 227^2\,m^2 \cdot \frac{146{,}6\,m}{3} = \frac{227^2 \cdot 146{,}6}{3}\,m^3 \approx 2.500.000\,m^3$$

Grundlegende Merksätze

Addition:	Man darf bei einer Addition die Summanden beliebig vertauschen. Die Summe bleibt gleich.
Subtraktion:	Die Reihenfolge der Subtrahenden darf vertauscht werden. Der Minuend steht immer an erster Stelle.
Runden:	Ist die Ziffer der nächstkleineren Stelle eine **0, 1, 2, 3** oder **4**, dann wird abgerundet. Ist diese Ziffer eine **5, 6, 7, 8** oder **9**, dann wird aufgerundet.
Multiplikation:	Bei der Multiplikation dürfen die Faktoren beliebig vertauscht werden. Das Produkt bleibt gleich.
Multiplikation:	Jede Zahl mal Null = Null!
Division:	Das Teilen durch Null ist verboten.
Alle Rechenarten:	Klammerrechnung vor Punktrechnung vor Strichrechnung
Alle Rechenarten:	Rechenschritte in der Klammer werden immer zuerst ausgerechnet.
Subtraktion und Addition:	bei der Auflösung der Klammern gilt: „Steht ein Minus vor der Klammer, dreht sich um der ganze Jammer ...!“
Primfaktoren:	Jede Zahl, die keine Primzahl ist, kann man in ein Produkt mit kleineren Faktoren zerlegen.
Bruchrechnung:	Der Nenner eines Bruchs kann nicht Null sein.
Bruchrechnung:	Man kann nur gleichnamige Brüche addieren und subtrahieren.
Bruchrechnung:	Bei gleichnamigen Brüchen ist der Bruch am größten, der den größten Zähler hat.
Bruchrechnung:	Unechte Brüche im Ergebnis in ganze Zahlen und echten Bruch umwandeln.
Bruchrechnung:	Vor dem Addieren und Subtrahieren ungleichnamiger Brüche muss man den Hauptnenner suchen und finden.
Division eines Bruchs mit einer ganzen Zahl:	Multipliziere den Nenner des Bruchs mit der ganzen Zahl. Behalte den Zähler bei.
Multiplikation eines Bruchs mit einer ganzen Zahl:	Multipliziere den Zähler des Bruchs mit der ganzen Zahl. Behalte den Nenner bei.
Multiplikation von Brüchen:	Multipliziere Zähler mit Zähler und Nenner mit Nenner.
Division von Brüchen:	Verwandle den zweiten Bruch in seinen Kehrwert. Multipliziere dann Zähler mit Zähler und Nenner mit Nenner.

Längenmaße	Flächenmaße	Raummaße	Gewichtsmaße	Zeitmaße
1 km = 1000 m	1 km^2 = 100 ha	1 m^3 = 1000 dm^3	1 t = 1000 kg	1 Tag = 24 h
1 m = 10 dm	1 ha = 100 a	1 dm^3 = 1000 cm^3	1 kg = 1000 g	1 h = 60 min
1 dm = 10 cm	1 a = 100 m^2	1 cm^3 = 1000 mm^3		1 min = 60 sec
1 cm = 10 mm	1 m^2 = 100 dm^2		1 Pfund = 500 g	
	1 dm^2 = 100 cm^2		1 Zentner = 50 kg	
	1 cm^2 = 100 mm^2			

Formeln für angewandtes Rechnen und Geometrie

Grundwertberechnung

Prozentwert = $\frac{\text{Grundwert} \cdot \text{Prozentsatzzahl}}{100}$

$\frac{P - G \cdot P}{100}$

Grundwertberechnung

Grundwert = $\frac{\text{Prozentwert}}{\text{Prozentsatzzahl}} \cdot 100$

$G = \frac{P}{P} \cdot 100$

Prozentsatzberechnung

Prozentsatz in Prozent = $\frac{\text{Prozentwert}}{\text{Grundwert}}$

$p\,\% = \frac{P}{P}$

Jahreszinsberechnung

Jahreszinsen = $\frac{\text{Kapital} \cdot \text{Zinssatzzahl}}{100}$

Kapitalberechnung

Kapital = $\frac{\text{Jahreszinsen}}{\text{Zinssatzzahl}}$

Zinssatz

Zinssatz in Prozent = $\frac{\text{Jahreszinsen}}{\text{Kapital}}$

Geometrische Flächen und Körperberechnungen

Quadrat

Fläche: $A = a^2$

Umfang: $U = 4 \cdot a$

Rechteck:

Fläche: $A = a \cdot b$

Umfang: $U = 2 \cdot (a + b)$

Parallelogramm:

Fläche: $A = g \cdot h$

Umfang: $U = 2 \cdot (a + b)$

Raute (Rhombus)

Fläche: $A = g \cdot h$

Umfang: $U = 4 \cdot a$

Trapez:

Fläche: $A = \frac{a + c}{2} \cdot h$

Umfang: $U = a + b + c + d$

Dreieck:

Fläche: $A = \frac{g \cdot h}{2}$

Umfang: $U = a + b + c$

Kreis:

Fläche: $A = \pi \cdot r^2$

Umfang: $U = 2 \cdot \pi \cdot r$

Kreisbogen: $b = \frac{\pi \cdot r \cdot \varphi}{180°}$

Kreissektor: $A = \frac{\pi \cdot r^2 \cdot \varphi}{360°}$

Kreisring: $A = \pi \cdot (r_1^2 - r_2^2)$

Rechteckprisma:

Mantel: $A_M = 2 \cdot (a + b) \cdot h$

Oberfläche: $A_O = 2 \cdot (a + b) \cdot h + 2 \cdot a \cdot b$

Volumen: $V = a \cdot b \cdot h$

Würfel:

Mantel: $A_M = 4 \cdot a^2$

Oberfläche: $A_O = 6 \cdot a^2$

Volumen: $V = a^3$

Quadratisches Prisma:

Mantel: $A_M = 4 \cdot a \cdot h$

Oberfläche: $A_O = 4 \cdot a \cdot h + 2 \cdot a^2$

Volumen: $V = a^2 \cdot h$

Zylinder:

Mantel: $A_M = h \cdot 2 \cdot \pi \cdot r$

Oberfläche:

$A_O = h \cdot 2 \cdot \pi \cdot r + 2 \cdot \pi \cdot r^2$

Volumen: $V = \pi \cdot r^2 \cdot h$

Dreieckprisma:

Mantel: $A_M = (g + b + c) \cdot l$

Oberfläche: $A_O = (g + b + c) \cdot l + g \cdot h$

Volumen: $V = \frac{g \cdot h}{2} \cdot l$

Trapezförmiges Prisma:

Volumen: $V = \frac{a + b}{2} \cdot h \cdot l$

Pyramiden und Kegel:

Volumen: $V = \frac{A \cdot h}{3}$

INDEX VON A-Z

Bildquellen:

Umschlag: **Bavaria Bildagentur, München** (Dartsscheibe); **Corbis Stock Market, Düsseldorf** (großes Motiv)

Archiv für Kunst und Geschichte, Berlin (S. 15)
Bavaria Bildagentur, München (S. 2)
Bilderberg, Hamburg (S. 18 © Florian Wagner)
Corbis Stock Market, Düsseldorf (S. 29; S. 31 oben, Mitte; S. 51 unten; S. 56; S. 57 oben; S. 59; S. 86 links)
DPA Bilderdienst, Frankfurt (S. 24)
Focus Agentur, Hamburg (S. 9 © Jerome Yeats/Science Photo Library; S. 44 Mitte © 1999 Thomas Hegenbart; rechts © Martyn F. Chillmaid/Science Photo Library; S. 48 rechts © Victor De Schwanberg/Science Photo Library;
Das Fotoarchiv, Essen (S. 22 © Jochen Tack; S. 40 © Rupert Oberhäuser)
Keystone Pressedienst, Hamburg (S. 7; S. 31 oben; S. 41; 42; S. 44 links; S. 46; 47; S. 48 links; S. 51 oben; S. 52; S. 57 links; S. 63; 67; 68; S. 86 rechts)
Mauritius Bildagentur, Berlin (S. 13; 16; 54; S. 57 rechts unten; S. 62; S. 91 oben)
Picture Press, Hamburg (S. 6 © Corbis; S. 45 unten © Steve J. Crise; S. 91 unten © Yann Arthus Bertrand)
Zefa, Düsseldorf (S. 20; S. 45 oben)

Grafiken:
Stockmann Verlag, Bochum

Illustrationen:
Karsten Teich, Berlin

Impressum:

Herausgeber:
Prof. Peter Conrady, Universität Dortmund, Fachbereich „Kulturwissenschaften"

Autor:
Werner Zenker, Kleve

In Zusammenarbeit mit der Redaktion „Erfolg mit Wissen" des Verlages Information & Bildung Berlin.

Gestaltung, Bildkonzeption und technische Umsetzung:
Eva Schmidt, Berlin

Gestaltung des Umschlages:
Susanne Gebert, Nürnberg

Copyright © Verlag Information & Bildung Berlin, Oranienburger Str. 65, 10117 Berlin.

Das Werk und seine Teile sind urheberrechtlich geschützt. Jede Verwertung durch Film, Funk oder Fernsehen, der Nachdruck, die fotomechanische Wiedergabe sowie die Einspeicherung in elektronischen Systemen sind nur mit Genehmigung des Verlages Information & Bildung Berlin gestattet.

ISBN 3-935891-00-8